東京電力
原発事故の経営分析

谷江武士
Takeshi Tanie

学習の友社

まえがき

　2011 年 3 月 11 日に東日本大震災・東京電力福島第一原子力発電所の事故が発生し、そのニュースは日本や世界を駆け巡った。この事故から 5 年近く経る中で、日本の「原発ゼロ」が 2 年も続き、原子力発電なしでも国内の電力供給が賄えたことが証明された。

　世界の原子力発電の故障・事故は、福島原発事故以前にも、1979 年 3 月のアメリカのスリーマイル島原発事故や 1986 年 4 月の旧ソヴィエト連邦ウクライナ共和国のチェルノブイリ原発事故が発生している。

　本書では、東京電力が原子力発電を推進してきた過程を見たのち、2011 年の原発事故の結果を検証する。住民避難や労働者の実態、損害賠償、東電の財務構造の変化、原子力損害賠償支援機構による実質国有化、そして東電が廃炉費用をはじめ、さまざまな名目の費用を総括原価に算入し電気料金を値上げして電気消費者の負担になる点を明らかにしようと試みた。

　メルトダウンした原発を廃炉にするためにはこれから数十年の時間、膨大な労働力と費用が必要である。経済産業省・資源エネルギー庁は、廃炉会計と電気料金に関して会計制度の中で規定している。本書ではこの会計制度による原子力発電会計と電気料金に焦点をあてて論じている。

　また、「原発ゼロ」の中で日本の原子力産業の海外進出について分析した。この分析を通じて原子力産業が海外で原子力発電所の建設事業を獲得する構図を見た。

　さらに国内では、原子力発電所の再稼働が一部進められている。

　しかし原子力発電は経済性と安全性の両面からも多くの論者から決して優れていないと言われており、再稼働を進めることに対して懸念が示されている。脱原発を決めたドイツは、2020 年までに「原発ゼロ」を

決め、再生可能エネルギー・省エネによってエネルギー政策の大転換を図っている。日本とドイツではこの点で大きく異なっている。

　本書では、電力産業の脱原発と再生可能エネルギーの重視が、今後の日本のエネルギー政策の方向を変え、安全で安定した電力エネルギーを国民に供給できるという視点から論じている。

　第1章「原子力発電を重視した東京電力」では、政府・電力会社が1973年秋の石油危機を境にして電源構成で石油火力から原子力へとシフトを強めた過程をふりかえる。その後原子力発電所の運営は順風でなく、事故が多発したり、その事故隠しをしたことが問題となった。核燃料廃棄物の最終処分地の決定や再処理問題は未解決のままである。

　第2章「東京電力の原子力発電事故」では、福島、宮城、岩手などの住民避難や作業員の被ばくについて取り上げている。この福島原発の事故の原因は何かについて政府事故調査委員会の報告書を基にして論じている。東日本大震災のもとで福島第一原発でメルトダウンの事故が発生した。東京電力は、住民に対する損害賠償や原発停止と廃炉と除染に直面した事実を明らかにした。

　第3章「東京電力の原発事故による財務構造の変化」では、原発事故によって、東京電力はどのように財務構造が変化したのか、とくに原発事故による住民に対する巨額の損害賠償とその財源について言及している。

　第4章「損害賠償、除染、廃炉による東電の財政状態」では、東京電力単独では決して支払資金で対応できない点について論じている。

　東京電力と原子力損害賠償支援機構は、経済産業省・資源エネルギー庁に「総合特別事業計画」（2013年6月）を申請し、原子力損害賠償支援機構資金交付金によって被害住民に損害賠償の支払を行なう体制を整えた。この賠償の負担に加えて原発の廃棄とその廃炉費用をどのように会計処理をすべきかが重要となった。

これに対して経済産業省は廃炉に関する新たな会計制度を省令で施行した（第5章2で詳細に見る）。政府は、除染や廃炉の費用をどこまで負担するか。東京電力は住民・企業への損害賠償を負担し、廃炉と汚染水処理は東京電力と政府が共に負担する。計画済み除染と今後の除染および中間貯蔵施設の費用負担は政府が負担する。このように原発事故に伴う費用は、東京電力と政府とが共に負担することを明らかにしている。

　さらに政府は、会計制度においても原子力バックエンド費用に対して長期にわたって引当金として計上することを電力会社に義務づけてきた。原子力バックエンド費用を総括原価に算入し、これをもとに電気料金に転嫁し、消費者・国民の負担としている点を論じている。

　第5章「電力会社の廃炉会計と電気料金」では、廃炉会計について、第4章で検討したことをさらに見ていくために、電気料金によって廃炉費用を回収できるように論理化されている点を考察している。廃炉費用の電気料金への算入の経緯を跡付けたうえで、経済産業省総合資源エネルギー調査会の「廃炉に係る会計制度検証ワーキンググループ」の内容と主要国の廃炉費用の積立方法を比較して見ている。

　第6章「電力会社の総括原価方式と電気料金の負担—原子力産業と関連して−」では、電気料金設定において国策として採用されてきた総括原価方式の歴史的発展について見ている。東日本大震災・福島原発事故以降の総括原価の算入項目と電気料金について理論的に考察している。ここでは東京電力がレートベースの中に値上げの根拠とした「日本原燃に対する前払金」を算入している点について見る。

　第7章「電力規制緩和、自由化の進展」では、今日につながる「自由化」の流れをたどる。1995年の電気事業法改正により第1次電力規制緩和が始まり、2000年の「電力自由化」の進展により第2次電力規制緩和が進んだ。この第1次電力規制緩和のもとで、大工場などの使用規模が2,000キロワット（kW）以上、2万ボルト以上の特別高圧電力および業務用電力で受電する企業が自由化対象となった。新規企業が電力

業界に参入したが、電力会社に対する競争企業にまで成長しなかった。依然として地域独占体制や総括原価方式などの基本的枠組は残されたままであった。

ただヤードスティック方式の導入のもとで経営コストの減額が通産省（現経産省）査定の基準とされたことから、電力会社の総括原価は効率化努力目標額（ヤードスティック査定）を控除した額とした。このため電力会社の職場内では労働強化が行なわれ、利潤向上の管理が行なわれた。同時に設備投資の削減が行なわれ、工法変更による工期短縮などの節約を行なった。

また、新規参入企業の電力料金（１kW時当たり）は託送料金（送電コスト）に電源開発促進税を加え、さらに発電コスト（6～7円台）を加えた額となる。新規参入企業の採算は、託送料金を如何に決定するかによっても左右することとなった。このため必ずしも電力業界への新規参入企業は多くなかった。

第8章「電力規制緩和の検証―電力会社の収益の増大と内部留保の増大―」では、電力規制緩和がもたらした結果を明らかにする。

電力規制緩和のもとで電力産業は、設備投資や長期借入金・社債などの有利子負債を削減することによって、償却費負担率や利子負担率を減らした。このことによって売上高経常利益率が上昇した。東京電力は、当期純利益の増加により自己資本比率が2000年の12%から2003年の15%に上昇している。この結果、東京電力の内部留保は2000年の2兆5,024億円から2003年の3兆4,217億円へと増加している。さらに2006年3月期に3兆8,432億円へ増加した。

しかし原発事故後の2016年3月期には、2兆6,473億円に減少している。ここでは、電力規制緩和のもとで電力産業や東京電力ともに内部留保を増大させているが、原発事故後は、1兆円も減少していることを明らかにした。

第9章「世界の原子力発電と日本の原子力産業の海外進出」では世

4

界の原子力発電について論じたのち「日本原子力ムラ」の動向をみる。

　世界第3位の原発大国の日本では、現在ほとんどの原発が停止し、原発建設が困難となっている。このため日本の原子力産業は原発輸出に力を入れている。原発輸出は、日本の原子力利益共同体のもとで国内の再稼働と結合しているところに特徴がある。このなかで日本の首相自らが原発輸出に力を入れているが、原発輸出をした新興国で原発事故が起きた場合、その賠償責任が生じることにも触れている。

　第10章「電力産業の原子力発電の転換と再生可能エネルギーの重視」では、これまで論じてきた原子力発電の廃炉費用を誰が負担するのかを検証する。今後の電力自由化、発送電分離と廃炉費用負担との関係について見ている。経産省の発送電（発送、送配電、小売りの3事業）の分離後に廃炉費用は新規参入者を含む小売会社によって電気事業者（国民や企業）から徴収する公算が大きい。

　またドイツとイギリスを例に廃炉費用負担の相違を見る。ドイツでは廃炉費用は原発運営会社が100％負担する。イギリスでは廃炉等の原子力のコスト回収に必要な電気料金水準としての基準価格を決め、基準価格がマーケット価格を基にした市場価格を上回った場合に、その差額を全需要家から回収し、原発事業者に対して補填するという。イギリスでは電力規制緩和政策のもとで電気料金がどのようになったかについて見たが、最初は料金が低下したが、その後上がり続けたといわれる。ドイツはイギリスとは反対に原子力発電から再生可能エネルギーへ重点を移し、原発ゼロを決定している。

　本書が完成するに当たっては学会、研究会の多くの先生方からのご教示をいただいた。

　とりわけ角瀬保雄先生、青山秀雄先生には旧著でお世話をいただいた。現在共同研究を進めている「電力産業と会計制度研究会」の先生方にご教示いただいている。また名城大学経済・経営学会の先生方には長い間、

日頃からお世話になっている。この場をお借りして感謝したい。

　最後に本書の出版をお引き受けいただいた学習の友社にお礼申し上げたい。これまで体調不良でたいへん遅くなってしまいご迷惑をおかけしたにも拘らず気長に見守っていただいた。学習の友社編集部の皆様に感謝したい。

2016 年 12 月
谷江武士

東京電力 – 原発事故の経営分析

目次

第1章

原子力発電を重視した東京電力

1　2011年の東京電力の原子力発電所事故

□自力では償いきれない事故を招いた東電

　2011年3月11日の東京電力福島第一原子力発電所の大事故により、現在なお福島では帰還困難区域のため自分の故郷に帰還できない人々が多くいる（2016年5月）。また家族が離れ離れに暮らす人々が多くいる。東京電力（東電）は、巨額の賠償金の支払いに追われるとともに放射能の除染作業や中間貯蔵施設の建設経費も巨額に達している。

　さらに原発事故による廃炉費用も通常の廃炉と異なり巨額の支出が見込まれている。東電だけでは、これらの経費の支払いはできない。このために東電は、国が東電の発行株式を引き受けることによって資金を調達し「倒産」を免れているが、現在実質的に国有化されている。国による原発交付金は、もとはといえば国民の税金が使われているので、実質的には国民の負担で東電の経営が成り立っているといえる。

　日本の電力産業のなかで指導的役割を果たしてきた東京電力は、歴史的に見れば第二次世界大戦後の1951年5月に電力再編成令にもとづい

て設立された民営電力会社である。東電の歴史をさかのぼると、1886（明治19）年に開業した東京電燈にいたるので、約130年以上の歴史をもつ会社といえる。日本の10電力会社のなかでも最も歴史が古い。

　東電の株価は、2011年3月の原発事故前に1株3,500円であったが原発事故に伴い2016年1月30日には600円にまで落ちている。この事故当時の東電の役員構成（2011年3月現在）をみると、会長に勝俣恒久氏、社長に西沢俊夫氏をはじめ22名からなっている。会長の勝俣恒久氏は、日本経団連副会長、電気事業連合会会長も兼任していた。東電の歴代会長は、日本経団連の要職に就いている。

> （注）廃炉（Nuclear Decommissioning）
> 　事故または寿命のため原子炉を廃止すること。日本国内では原発の廃炉が完了した例はまだない。解体・撤去することが望ましいが実際は不可能であり、通常の廃炉でも密閉してその場で管理する場合がほとんどである。核燃料を抜き取った後、外部への影響を抑えつつ放射線が減衰するのを数十年間を待つことになる。
> 　事故を起こした原子炉はさらに困難で、メルトダウンした場合は、必要な技術開発を行い、溶けた核燃料の「デブリ」を捕捉し取り除くまでに、最低20～30年が見込まれる。
> 　いずれにしても、使用後の核燃料、事故の場合の核燃料デブリ、その他の機材など周辺の放射性廃棄物を完全に処理する方法はない。最も「安全」と言われる方法も、地中深く埋めて数万年待つというものである。

□電源ベストミックスと「安全神話」

　1980年代に原発を「電源ベストミックス」のベース電源と位置づけて推進したのは、那須翔東電社長の時である。原発は経済性、安全性の上で優れているという「安全神話」のもとで推進してきた。1973年の石油危機以降、石油火力から原子力発電重視へ電力経営を切り替えていった（**図表 1-1**）。

　1985年に、那須社長は、東電の経営の方針として原子力発電主体の「電源ベストミックス」を推進すると述べている。「電源ベストミックス」とは、「理想的な電源構成」を意味するが、そこには1973年秋の石

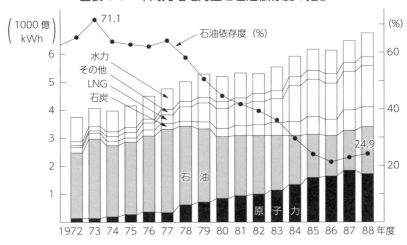

図表 1-1　年間発電電力量と石油依存度の推移

（出所）「朝日新聞」1989 年 10 月 25 日付

油危機以降の東電のエネルギー戦略が秘められている。この石油危機は石油価格の高騰をまねき、電力会社も脱石油化への方向を明らかにした。日本のエネルギー産業の中でも大きな比重を占めている東電は、「脱石油」として原子力や LNG、海外の石炭による発電を重視し、電力の安定供給の確保と投資効率の向上をめざした。

　（注）LNG（Liquefield natural gas の略）
　　　液化天然ガスのこと。天然ガスの主成分であるメタン、プロパン、ブタンなどを冷却して液化したもので、石油に比べ二酸化炭素の排出量が少ないので、その分地球環境に良い。

1977 年 12 月には、当時の平岩社長（のちの会長）のもとで、新経営方針を作成し、社長自身、アラブ首長国連邦ダス島 LNG プロジェクトの竣工式に出席し、さらに中国・インドネシアなどの東南アジアの国際的な開発事業に参加することによって、「電源ベストミックス」のために多様な資源確保に乗り出した。

　第二次石油危機以降、1980 年 6 月には、「80 年代経営の基本路線」を

発表して、「多様な燃料資源の確保」や「安定供給」のために、原子力を中心とする電源施設の設置や東南アジアからのLNGの輸入、日本原燃サービスの設立、50万ボルト基幹送電線の設置などの経営路線を明確にした。

　こうした経営方針の延長線上に、東電の「電源ベストミックス」構想が打ち出された。とりわけ、この構想の中心に原子力発電を置き、LNGや海外の石炭に依存する発電を重視し、逆に石油火力や水力発電の比重を下げることをねらいとした。那須社長は、「電源ベストミックス」構想を掲げる根拠として、原子力発電の経済性や原子力発電の稼働率の向上、そして青森県下北半島での核燃料サイクル基地の計画化の推進を掲げていた[1]。

　　（注）電源ベストミックス
　　　電源を石油、原子力、水力などの使用燃料によって分類し、経済性、供給安定性、環境特性などから判断して最適に組み合わせることをいう。

□株主・債権者と原子力利益共同体（原子力ムラ）

　つぎに、2011年3月時点で、東電の株主の状況をみると、大株主は、日本トランスティサービス信託銀行3.61％、第一生命3.42％、日本生命3.29％、日本マスタートラスト信託銀行2.66％、東京都2.66％などの機関投資家であった。これらの上位5社の大株主によって、東電の発行済株式数の15.96％が占められていた。これを所有者別にみると、巨大な保険会社や銀行などの金融機関が、発行済株式数で多く所有しており、政府公共団体も占めているが、そのほとんどが東京都の所有である。東電は、以上のように保険会社や銀行などの金融機関によって発行済株式数の過半数が所有されていることから、巨大な金融機関によって支配されていた。

　ところが2011年の原発事故後の2014年3月期には大株主が大きく変動し、原子力損害賠償・廃炉等支援機構（以下、原賠・廃炉支援機構と

略）が東電株の 54.69％を占めている。この原賠・廃炉支援機構は、国や電力会社が出資している。

> **（注）原子力損害賠償・廃炉等支援機構（旧称、原子力損害賠償支援機構）**
> 　2011 年 3 月の福島第一原発事故にともなって官民共同出資により設立された。2011 年 11 月から東京電力へ資金援助を続けている。事業内容は、損害賠償支援や廃炉等支援を行っている。資金調達は、資本金 140 億円（国 70 億円、電力 12 社 70 億円）、交付国債累計 5 兆円、借入枠（政府保証枠）は 4 兆円である。

　東電の発行済株式の過半数をこの原賠・廃炉支援機構が占めていることから「実質国有化」されている。2011 年 3 月の原発事故以降に、銀行である日本トラスティサービス信託銀行（信託）の持株比率は 3.61％から 1.62％へ大幅に減らしている。大株主である原賠・廃炉支援機構は東電株の過半数にあたる株式を引き受け東電の経営破綻の状況を救っている。（**図表 1-2**）。

> **（注）日本トランスティサービス信託銀行**
> 　資本金 510 億円、出資者は三井住友トラスト HD が 66.66％、りそな銀行が 33.33％を占めている。設立は 2000 年 6 月。業務内容は投信ファンド管理、年金資産のファンド管理、国内証券管理、外国証券管理、その他の業務の 5 つに大別される。
> **（注）日本マスタートラスト信託銀行**
> 　2000 年 5 月設立。有価証券の保管や管理事業を行う資産管理業務に特化した信託会社である。出資者は、三菱 UFJ 信託銀行が 46.5％、日本生命保険が 33.5％、明治安田生命保険が 10.0％、農中信託銀行が 10.0％を占めている。管理資産残高は、約 365 兆円（2014 年 3 月末現在）である。

　他方において、個人その他の所有者が多く占めているが、これは、一般投資家がほとんどである。1 単位（500 円株、100 株）から 4 単位までの零細所有株主数が多い。だが、経営に介入できるのは大株主である金融機関のみで、一般投資家は東電の経営にまで介入することが実際上不可能である。東電は民営電力会社であったが、現在は、国と電力会社主導の原賠・廃炉支援機構により支配されている。

　東電は、株式発行による資金調達（エクイティ・ファイナンス）とともに、各種金融機関からの借り入れによって資金を調達している。

図表 1-2 東京電力の概要（単独ベース、2014 年 3 月末）

沿革	1951（昭和 26）年 5 月、電気事業再編成令により、関東配電（株）の諸設備 8 億円と日本発送電（株）の出資 6 億 6,000 万円、合計 14 億 6,000 万円の資本金で設立				
大株主 （持株比率）	原子力 損害賠償 支援機構 54.69%	東京電力 従業員 持株会 1.40%	東京都 1.20%	三井住友 銀行 1.01%	日本マスター トラスト 信託銀行 1.02%
総資産	14 兆 3,698 億円				
資本金	1 兆 4,009 億円				
売上高（営業収益）	6 兆 4,498 億 9,600 万円				
経常利益	432 億 3,300 万円				
東京電力の 原子力発電所	福島第一原発（福島県双葉郡） 　　5 号機、6 号機、1 〜 4 号機（廃止） 福島第二原発（福島県双葉郡） 　　1 号機〜 4 号機 柏崎刈羽原発（新潟県柏崎市、刈羽郡） 　　1 号機〜 7 号機 東通原子力発電所（青森県下北郡）				
発電設備 （出力最大）	火力 4,294 万 kW、原子力 1,261 万 kW、水力 945 万 kW、新エネルギー 3 万 kW 合計 6,504 万 kW				
従業員の状況	3 万 4689 人 　平均給与・年間 619 万 6,181 円（賞与を含む） 　平均年齢　41.9 歳　　平均勤続年数・21.9 年				
労働組合	東京電力労働組合 　上部組織＝全国電力労働組合連合会（電力労連） 　　　　　　全国電力関連産業労働組合総連合（電力総連）				

（出所）　有価証券報告書（東京電力、2014 年 3 月期）および電気事業連合会『電気事業便覧』（2014 年版）より作成。

　1980 〜 90 年代に東電は原子力発電所の建設や長距離送電線の設置のために年間 1 兆 5,000 億円の設備投資を行ったが、これらの資金調達は、銀行からの長期借入金や株式発行そして社債発行によって行われた。

　これらの金融機関も「総括原価方式」で確実に巨額の利益をもたらす原子力発電の虜となり、その原子力利益共同体（原子力ムラ）に組み込まれていった。

　　（注）原子力利益共同体（原子力ムラ）
　　　これまで東電の会長は経団連のトップや役員に就任し、電力会社は財界支配を

行なってきた。電力会社は地域独占のもとで総括原価方式により電気料金を決定してきたため事業報酬が保障されているので、毎期、巨額の内部留保を蓄積してきた。日立、東芝、三菱重工などの原発メーカーは国内の原発建設を受注し巨額の収入を得てきたが、さらに海外への原発輸出をめざしている。さらに建築・土木を担うゼネコン、素材メーカー、そして巨額の原発投資のための資金を貸し付け利益を得る銀行など、また、関係する学者・研究者、政治献金を受ける政党（政治家）、原発に関連する官僚などが原発利益共同体を形成している。

　日本の電力会社は、東電のほか、関西、中部、九州、中国、東北、北海道、四国、北陸、沖縄の10電力会社および日本原子力発電、日本原燃からなっている。また原子力産業には、東芝、日立製作所、三菱重工業等の企業がある。

　日本のエネルギー政策の立案や電力の規制緩和―電力の自由化政策や電気料金の申請時に経済産業省が認可権を持っている。官僚や保守政治家、東電経営者、そして原子力関連の学界、前記の企業群、金融機関に加え建設業界、素材業界などを含め、人的な繋がりをもつ巨大な原子力利益共同体（原子力ムラ）が存在している。

□財務的特徴の比較

　つぎに、東電と他の電力会社との比較により財務的特徴をみよう（**図表1-3**）。

　東電は、総資産、資本金、最大出力、売上高、従業員数のいずれにおいてもトップである。この傾向は、2014年3月末にもいずれにおいても同様で変化はない。

　まず、総資産についてみると、東電が14兆円を超える規模であるのに対して、2位の関西電力は半分の6.9兆円、中部電力は5.4兆円、九州電力は4.2兆円、東北電力が3.9兆円、中国電力が2.7兆円、北海道電力が1.7兆円、北陸電力が1.4兆円、四国電力が1.3兆円、沖縄電力が4085億円で、東電が、だんぜん他社から抜きんでている。

　つぎに売上高（営業収益）をみると、東電が約6.4兆円であるのに対

図表 1-3　電力各社の概要（2014 年 3 月末）

	北海道電力	東北電力	東京電力	中部電力	北陸電力
総資産（億円）	15,762 16,070 17,198	37,008 39,965 39,827	142,559 146,197 143,698	50,336 55,928 54,345	13,517 13,661 14,079
資本金（億円）	1,142 1,142 1,142	2,514 2,514 2,514	9,009 14,009 14,009	4,307 4,307 4,307	1,176 1,176 1,176
最大出力（千 kw） 原子力（発電設備）	2,070	3,274	12,612	3,617	1,746
売上高（営業収益） （億円）	5,455 5,588 6,046	15,406 15,781 18,731	50,646 56,600 64,498	21,362 24,298 26,382	4,809 4,775 4,956
従業員数（人）	5,553 5,689 5,736	12,769 12,872 12,800	38,561 37,142 35,649	16,894 17,277 17,562	4,793 4,861 4,895

	関西電力	中国電力	四国電力	九州電力	沖縄電力
総資産（億円）	64,575 67,576 69,162	26,351 27,152 27,392	13,167 13,187 13,344	38,908 42,017 42,180	3,685 4,150 4,085
資本金（億円）	4,893 4,893 4,893	1,855 1,855 1,855	1,455 1,455 1,455	2,373 2,373 2,373	75 75 75
最大出力（千 kw） 原子力（発電設備）	9,768	1,280	2,022	5,258	―
売上高（営業収益） （億円）	24,198 24,394 29,582	9,995 10,891 11,811	5,209 4,881 5,665	13,563 14,083 16,829	1,507 1,587 1,720
従業員数（人）	22,394 22,554 21,976	9,896 9,884 9,776	5,985 6,163 6,121	12,678 13,089 13,172	1,567 1,609 1,605

（注）（1）億円未満を切り捨てている。上段の数字は 2011 年 3 月末、中段の数字は 2013 年 3 月末、下段の数字は 2014 年 3 月の数字である。
　　　（2）日本原子力発電の最大出力は 26,174kw。
（出所）電気事業連合会編『電気事業便覧』2011 年度版、2013 年度版、2014 年度版。
　　　日本電気協会 刊行、2013 年 10 月および 2014 年 10 月。

して、関西電力のそれは 2.9 兆円余り、経常利益については、東電が
432 億円、関西電力が△ 1,229 億円の赤字である。
　従業員数に関しては、東京電力が 3 万 5,649 人であるのに対して、関

西電力は2万1,976人と、その開きが縮まっている。

　さらに利潤の資本への転化として、狭義の資本蓄積を表すものに内部留保がある。電力会社の内部留保を見ると、東電の力は他から抜きんでている。内部留保の絶対額では、2011年3月期は、3兆2,652億円、関西電力が2兆4,595億円、中部電力が、1兆7,536億円で東電と開きを縮めているが、財務政策によって、資本市場から株式プレミアムを手に入れたのである。

　ところが、東京電力は2011年3月11日の福島原発事故によって財務内容が大きく変化した。2011年3月期決算では特別損失1兆742億円の計上によって当期純損失が1兆2,585億円に上っている。2014年3月期には、東京電力の経常利益は、432億円である。原子力損害賠償費（特別損失）が1兆3,956億円となっているが、原子力損害賠償支援機構資金交付金等による特別利益が1兆8,183億円であったので当期純利益は3,989億円となっている（第3章**図表3-3**）。この交付金がなければ原子力損害賠償費を支払うことができず大幅な赤字である。今後さらに地域住民に対する損害賠償の支払い、そして除染費用やメルトダウンした原子炉の廃炉費用などが巨額であるために国からの出資によらざるを得ない状況になっている。（第4章参照）

2　核燃料サイクルの未完成
──日本原燃の役割と核廃棄物の処分地問題

□放射性廃棄物の処分──「トイレなきマンション」

　東電福島原発の事故以降、日本の原子力発電所は一基も稼働していない時期もあったが、現在、2015年に再稼働した九州電力の川内原発（2基）が稼働している。また四国電力伊方原発3号機も2016年8月に再稼働し、2016年8月現在、稼働原発は3基である。

　この原子力発電事故によって放射性廃棄物の処分が大きな問題となっ

ている。それは、高レベル放射性廃棄物の処分地がまだ決まっていないことや中間貯蔵施設建設のための巨額の費用がかかることである。また日本原燃の再処理工場も 2006 年以降トラブル続きで稼働していない。このことから核燃料サイクルは、まだ完成していない（**図表 1-4**）。

　核燃料は装荷核燃料、加工中核燃料、再処理核燃料に分けられる。

　この核燃料サイクルを見ると、つぎのような過程を通っている。まず、カナダやカザフスタンそしてオーストラリア等のウラン鉱山で天然ウラン鉱石を採掘する。これを精錬工場で精錬をし、イエローケーキ（酸化ウランを多く含む黄色い粉末）を取り出す。これを転換工場で六フッ化ウランに転換しウラン濃縮工場で濃縮、その六フッ化ウランを再転換工場で二酸化ウラン（UO$_2$）に転換する。二酸化ウランをウラン燃料工場で加工しウラン燃料を取り出す。このウラン燃料を原子力発電所（軽水炉）の中で燃やし（核分裂でエネルギーを発生させ）発電をする。

　この原子力発電所で使用したウラン燃料（燃え残りのウランとプルトニウムを含む）は、使用済燃料として再処理工場で再処理をする。これによって回収ウランを転換工場で転換し再利用する。また、再利用のため回収ウランとプルトニウムの混合燃料として MOX を作る。そして MOX 燃料加工工場で MOX 燃料を取り出し、これを原子力発電所で燃料として再び利用する。しかしこの MOX 燃料加工の技術は完成していない。

　原子力発電所で使用された使用済燃料は中間貯蔵施設に貯蔵する。この使用済燃料の中間貯蔵施設もやがて満杯になる。原発で発生した低レベル放射性廃棄物は、低レベル放射性廃棄物の埋設施設で保管する。また原発で発生した高レベル放射性廃棄物は処分施設で処分される。再処理工場から発生する高レベル放射性廃棄物は貯蔵管理施設に埋設する。日本ではこれらの廃棄物の最終処分地は未定である。

図表1-4 核燃料サイクル─実現の展望は見えず

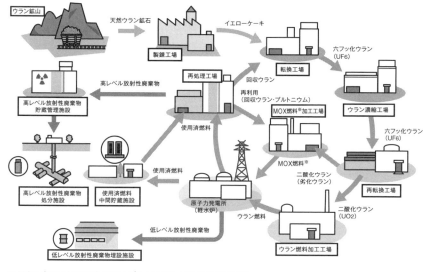

※ MOX（Mixed Oxide）燃料：プルトニウムとウランの混合燃料
（出所）「原子力・エネルギー図面集2015」（電気事業連合会）より作成

□核燃料サイクル専門企業─日本原燃の成り立ち

　日本原燃（**図表1-5**）は、東電や関電の出資によって設立されたもので、この2社によって支配されている。日本原燃の事業は、核燃料サイクルにおけるウランの濃縮、廃棄物埋設事業（低レベル放射性廃棄物の埋設）、再処理事業（原子力発電所等から生ずる使用済燃料の再処理）、廃棄物管理事業（海外再処理に伴う廃棄物の一時保管）の4つの事業を行っている。

　なおMOX燃料加工事業は、2010年に工場の建設工事に着手し、2016年3月に竣工予定である。その他の関係会社の東電と関電、中部電力（主要株主）は、日本原燃の提供する原子燃料サイクルに関する役務の顧客となっている。第6章3で見るように日本原燃は核燃料サイクルの下請企業で、電力会社から再処理事業等の前払金を受け取っている。

　関係会社の東電は、出資金が9,009億7,500万円、議決権の所有割合

図表 1-5　日本原燃の沿革

1988 年 10 月	日本原燃産業がウラン濃縮工場の建設に着手した。
1990 年 11 月	日本原燃産業が低レベル放射性廃棄物埋設センターの建設に着手した。
1992 年 3 月	日本原燃産業がウラン濃縮工場の操業を開始した。
1992 年 5 月	日本原燃サービスが高レベル放射性廃棄物貯蔵管理センターの建設に着手した。
1992 年 7 月	上記日本原燃サービスと日本原燃産業が合併し、日本原燃と改称し、本店を青森県青森市に変更した。
1992 年 12 月	低レベル放射性廃棄物埋設センターの操業を開始した。
1993 年 4 月	再処理工場の建設工事に着工した。
1995 年 4 月	高レベル放射性廃棄物貯蔵管理センターの操業を開始した。
1999 年 12 月	再処理事業（使用済み燃料の受け入れ）を開始した。
2003 年 1 月	本店を青森市から青森県上北郡六ヶ所村に変更した。
2010 年 10 月	MOX 燃料工場の建設工事に着工した。

(出所) 日本原燃「会社概要表」に基づき筆者作成

が 28.6％である。また役務の提供や日本原燃の借入金・社債の債務保証をし、役員の兼任を行っている。また関電は出資金が 4,893 億 2,000 万円であり、議決権の所有割合が、16.65％である。

　日本原燃の「会社概況書」（2012 年 6 月）によって、日本原燃の沿革を見ると、1980 年 3 月に使用済み原子燃料の再処理を行う企業として、電力業界が中心となり日本原燃サービス（資本金 100 億円）を東京都千代田区に設立した。1985 年にはウラン濃縮、低レベル放射性廃棄物を埋設する企業として、同じく電力業界が中心となって日本原燃産業（資本金 100 億円）を東京都に設立した。日本原燃の現状を簡単に見ておこう（**図表 1-5**）。

　日本原燃（2012 年 3 月期）の現状を見ると、日本原燃は、非上場会社であるが、従業数は 2,376 人の大企業である。財務状況を見ると、売上高は、3,017 億 200 万円、経常利益 112 億 6,000 万円、当期純利益 26 億 8,900 万円である。

　また資本金が 4,000 億円、純資産が 5,611 億 4,400 万円、総資産が 2 兆

8,311 億 8,400 万円、自己資本比率が 19.8%、自己資本利益率（ROE）が
0.48% である。

3　日本の原子力発電の推進と現在──原発停止と再稼働問題

□原発を推進した体制

　日本では原子力発電は、2013 年 9 月から 15 年 8 月まで 1 基も稼働し
ていない状況が続いたが、電気の安定供給は行われた。原子力発電所が
なくてもやっていける状況である。しかも民間企業の電力事業への参入
や太陽光や風力等による自然再生エネルギーそして節電によって電力の
安定供給が図れる。国や電力会社のエネルギー政策では、最近一部の原
子発電所で再稼働が見られる。東電原発事故後に策定された原子力規制
委員会の新規制基準に「適合」した原発は、九州電力川内 1、2 号機、
関西電力高浜 3、4 号機（司法判断で現在、運転差止中）、四国電力伊方原
発 3 号機である。稼働原発は 3 基となる（2016 年 8 月 12 日）。伊方原発
は住民の避難計画で課題を残している。

　まず原子力発電の推進を見ていこう。

　日本では、1955 年以降、原子力の平和利用を原則とする原子力基本
法などの「原子力三法」を制定し、このもとで日本原子力研究所、原子
燃料公社（動力炉・核燃料開発事業団の前身）が発足し、原子力行政の骨
組みと研究開発体制の基礎が固められた。産業界でも原子力産業 5 グ
ループの結成が進められた。

　原子力は、原子爆弾や水素爆弾の製造とその利用、潜水艦用動力炉な
ど軍事目的のために開発された。原子力が人類の歴史において「原子爆
弾」として登場し、1945 年 8 月に広島や長崎で原爆投下の悲惨な事態
を引き起こした。

　1957 年 11 月には実用炉の開発主体として日本原子力発電（株）が設
立され、さらに 1966 年になると、原子力発電の建設を開始してから 8

年の歳月を要した日本原子力発電・東海発電所や日本原子力研究所の1号炉が建設された。

その後日本の電力会社は、アメリカから軽水炉を導入し、1970年の運転開始から1997年にかけて、原子力発電所を増設した。この間に、1970年に敦賀原発1号機（日本原子力発電、原電と略）、美浜原発1号機（関西電力）が運転開始され、75年までに9基が運転していた[2]。

1974年には、電気料金に上乗せする電源開発促進税をもとに、原子力発電所の建設地域の振興をはかるという名目で「電源三法」（発電用施設周辺地域整備法、電源開発促進税、電源開発促進対策特別会計法）が制定された。

（注）原子力産業5グループ（当時）
　住友グループ（幹事会社、住友原子力工業）、東京原子力グループ（同、日立）、三井グループ（同、東芝）、三菱グループ（同、三菱重工）、第一原子力グループ（同、富士電機）
　　　　（出所）中島篤之助・木原正雄『原子力産業界』教育社、1979年より。
（注）電源三法
　1974年に制定された、発電用施設周辺地域整備法、電源開発促進税法、電源開発促進対策特別会計法の3つの法律のこと。電源三法交付金が発電所立地地域に交付され、道路、公園、上下水道、学校、病院などに使用できる。原発が設置されるとこれらの交付金が自治体に入ってくる。

□国民に負担を強いる総括原価計算と電源開発促進税

電力会社の場合、電気料金は、総括原価計算で決定されるが、この中に電源開発促進税が含まれる。原発設置の地方自治体の地域振興などに充てられる原発交付金の財源は、各電力会社が「電源開発促進税」として国に納めたものである。この税金は総括原価の中に含められている。つまり、すべて国民が支払うことになる。さらに、復興費等の名目で総括原価の中に損害賠償分を含め電気料金として国民から徴収する。原子力発電停止によってLNG（液化天然ガス）への依存が高まり燃料費増加のために電気料金が値上がりし、中小企業者や国民の負担が増大した。

同様に巨額の設備投資は、減価償却費の総括原価への計上によって確実に回収される。

（注）総括原価

　電気料金は「総括原価」をもとにして決定できることが電気事業法第19条に規定されている。一般企業では売上額が費用より多い場合にはじめて利潤が出る（その利潤から税金を支払う）。しかし電力会社では、総費用に（税金と）適正な事業報酬（利潤）を加えた額を「総括原価」とする。そして「総括原価」に見合う総収入が得られるように電気料金を設定することができる。

　また、①天下りを受け入れている財団法人への会費、業界団体への拠出金、財団会費、自治体寄付金、広告費が含まれていた。しかし、「東京電力に関する経営・財務調査委員会」は算入を認めないという。つまりこれらの項目は発電と関係ないから認められないのである。②原発の修繕費や書籍購入費も過大に見積られてきた。③原発交付金について見ると、電源開発促進税を総括原価に入れ、納税しているが、これが国を通じて原発立地などの地域にさまざまな名目の「交付金」として地域の自治体に交付している。この電源開発促進税を総括原価に組み入れ、その分電気料金の値上げになり国民の負担となっている。

□石油危機と原発

　次に原子力発電が重視された時期を見ていこう。

　日本において火力発電から原子力発電が重視されたのは、1973年秋の第一次石油危機以降であった。この石油危機では、第4次中東戦争により中東からの原油購入価格が高騰し、石油火力発電によるコストを急激に上昇させた。石油危機までの日本企業は「石油漬け」であったために大きな影響を受けた。このため日本政府は石油から原子力へのエネルギー政策の転換を図った。前述の「電源三法」が制定された。

　日本では急速に原子力発電の設置・運転がはじまり、1976年から80年にかけて12基、81年から85年にかけて11基、86年から90年にかけて7基、91年から95年にかけて11基、96年から97年にかけて2基

が運転を開始した。

□事故・トラブルの多発と原発の廃炉

　日本での原子力発電の運転開始に伴ない事故・トラブルは、1990年以降に多く発生している。とくに1989年には東京電力の福島第一原発（3号機）の再循環ポンプ破損事故があり、1995年12月8日には、高速増殖炉「もんじゅ」のナトリウム漏れ事故や事故に関する虚偽報告が問題となった。もんじゅが運転できなくなり廃炉にすべきであったが、その後20年以上も炉の維持費として数千億円もの国費が投入されている。2016年11月30日に政府の高速炉開発会議は、廃炉が検討されているもんじゅに代わり実証炉を国内に建設する開発方針を公表した。約1兆円の国費を投入し20年以上もほとんど運転できなかったもんじゅの反省がなく、高速炉開発に批判がある。

　1999年9月30日には、茨城県東海村の核燃料加工施設（JCO）に重大な臨界事故があった。この事故によって3人の作業員が大量の放射能を浴びた。この臨界事故を契機に原子力災害対策特別措置法（原災法）が制定された。同法は、福島原発事故後、2012年6月に大幅に改正された。

　2012年1月6日に原発事故担当相は、原子炉等規制法など関連法改正案の概要を発表した。この案では、原子力発電の運転開始から40年を超えた原子力発電を原則廃炉にする「40年運転制限制」を導入し、原子炉の寿命を法律で初めて定めた。日本の原子炉等規制法（正式には「核原料物質、核燃料物質及び原子炉の規制に関する法律」）では、同法第43条3の32では発電用原子炉を運転するすることができる期間は、原子炉の設置工事の検査に合格した日から起算して40年とする。さらに延長する期間は20年を超えない期間で原子力規制委員会に認可の申請をし、安全性の基準に適合していると認めたときに認可するとされている。

　世界の原子力発電所は、40年以上運転した原子力発電は113基であり、このうち閉鎖基数は86基である。運転原発に対する閉鎖原発基数の割合は76％にも達している。このように世界では40年以上運転した原発の約8割が閉鎖されている。この規制は原発の安全性を確保するためにも重要である。

　2016年2月には関西電力高浜原発が審査合格した。原子力規制委員会は高浜原発1、2号機を「新安全基準」に基づき審査し、合格証を出した。

　原子力規制委員会委員長の田中氏は2012年の委員会発足時には、「原子力発電の廃炉は40年くらいが1つの節目であると認識している」「20年の原発の延長は相当困難」と述べていた。しかし今回の審査では一転して容認する姿勢に転じた。当時の民主党政権は、国会答弁で「40年」の根拠について「圧力容器が中性子の照射を受けて劣化する時期の目安」として設定していた。最長20年の運転延長については例外とした。

　「規制委員会が11カ月のスピード審査で2基を合格させたのは審査が遅れて廃炉になれば訴訟リスクを抱える恐れがあるため」[3]と言われる。しかし訴訟リスクよりも原発の安全性の方がより重要である。

　　（注）原子力規制委員会
　　　　環境省の外局として置かれている行政機関。2012年9月設置された。この委員会設置により、原子力安全委員会と原子力安全保安院は廃止された。

4　世界の原子力発電所の運転期間と廃炉問題 ——ドイツは2022年までに全原発を停止

□原発の運転期間

　日本の原子力発電所の運転期間はこれまで法律で定められていなかったが、30年といわれてきた。この運転期間は、アメリカの原子力発電

所では延長するといわれていたが、日本の原子力発電所の場合も延長されている。その案として、60年まで運転させるといわれていた[4]。2005年6月18日に経済産業省原子力安全・保安院は、原子炉の寿命は「60年は運転可能」とした。この内容は、「高経年化対策の開始時期および評価期間のあり方について」の報告書の中でまとめられている。

だが、長年、原子力発電所を運転していると、経年劣化が生じる。

経産省原子力安全・保安院は、2011年11月に運転開始から30年以上たった原子力発電の安全評価方法の見直しに着手した。運転年数が40年をすぎた老朽原発が増加したためである。現行の老朽原発の安全評価は、電力会社が運転年数が30年目以降になると、10年ごとに安全評価を実施する。原子力安全・保安院に劣化部品の交換などの保全計画を提出し、運転を10年間延長する認可をうける。

日本の原子力発電所は、2010年1月に40年以上の運転年数が5基（うち2基閉鎖）、30年以上の運転の原発は19基（うち3基閉鎖）であった。福島第一原発は1～6号機すべてが30年以上経過していた。2020年には運転30年以上の原発が36基に増える見通しである。「40年が1つのラインになる可能性はあるが、年限で切ることは科学的でない」（当時細野原発事故担当相）[5]といわれていたが、前述のように40年に20年の追加延長が原子炉等規制で規定されている。

□国際比較

図表1-6の「世界の原発の運転年数」（2010年1月現在）を見ると、米国では40年以上運転の原子力発電所は29基で、このうち20基を閉鎖している。30年以上運転の原子力発電所は、58基で、このうち8基を閉鎖している。

ヨーロッパのフランスやドイツでは、40年以上運転の原子力発電所は、すべて閉鎖されている。フランスでは30年以上の運転でも22基のうち2基を閉鎖している。また、ドイツでも40年以上運転の原子力発電所

は8基で、これらはすべて閉鎖している。30年以上運転の原子力発電
所は16基で、このうち9基を閉鎖している。20年以上の運転は13基で、
うち3基を閉鎖している。ドイツは原子力発電所を建設・計画する予定
はなく、原子力発電に依存しない政策（脱・原発）をとっている。また
ヨーロッパの英国を見ても、40年以上運転の原子力発電所は28基で、
このうち25基を閉鎖している。英国は40年以上の運転閉鎖の割合は
89％にもなっており、ほとんど運転閉鎖されている。30年以上運転の
場合も6基で、このうちすでに1基を閉鎖している。スウェーデン、ベ
ルギー、オランダ、イタリアの原子力発電所は、40年以上の運転年数
ではすべて閉鎖している。

　前述のように世界では、40年以上運転した原子力発電所は113基で
あり、このうち閉鎖基数は86基である。運転原発に対する閉鎖原発基
数の割合は76％にも達している。

□老朽化でトラブルが増加

　原子力発電所の場合、老朽化するとトラブルが増加する。「原子炉
（特にPWR＝加圧水型原子炉）の圧力容器に中性子が当ると、低温側の脆（もろ）
い領域がどんどん高温側に広がっていき（限界は98℃と国内最高）、その
脆い領域内で、冷却材の喪失事故時に緊急炉心冷却装置の冷水がかかる
と、熱衝撃で（圧力容器が）丁度、ガラスのビンに熱湯をかけたときの
ように一瞬にして割れてしまう、という恐ろしい事故が発生する可能性
がある」[6]との懸念が示されている。

　さらに2012年1月17日には、日本政府は運転期間が40年を超えた
原子力発電所を原則廃炉にするとした「原子力安全改革法案」について、
環境相の認可を条件として最長20年、1回に限り延長を認める例外規
定を設ける方針を決めている。この場合、原子力発電所の寿命は最長
60年となる。この例外規定を設けることで、この法律の運用次第では、
「40年廃炉」が形骸化する可能性がある。前述のように政府は、2012年

図表 1-6　世界の原発の運転年数（2010 年 1 月 1 日現在）

運転年数	米国	フランス	日本	ロシア	ドイツ	韓国	ウクライナ	カナダ	英国
40 年以上（1971 年 12 月以前に運転開始）	29 基（うち 20 基閉鎖）	9 基（すべて閉鎖）	5 基（うち 2 基閉鎖）	20 基（うち 1 基閉鎖）	8 基（すべて閉鎖）	—	—	4 基	28 基（うち 25 基閉鎖）
30 年以上（1981 年 12 月以前に運転開始）	58 基（うち 8 基閉鎖）	22 基（うち 2 基閉鎖）	19 基（うち 3 基閉鎖）	16 基	16 基（うち 9 基閉鎖）	1 基	3 基（うち 2 基閉鎖）	7 基	6 基（うち 1 基閉鎖）
20 年以上（1991 年 12 月以前に運転開始）	43 基	32 基	19 基	12 基	13 基（うち 3 基閉鎖）	7 基	13 基（うち 2 基閉鎖）	11 基	10 基
10 年以上（2001 年 12 月以前に運転開始）	1 基	5 基	11 基	2 基	—	8 基	1 基	3 基	1 基
10 年未満（2002 年 1 月以降に運転開始）	—	2 基	5 基	1 基	—	4 基	2 基		
建設中 計画中	建設中 1 基、計画中 8 基	建設中 1 基	建設中 3 基、計画中 12 基	建設中 10 基、計画中 7 基		建設中 6 基、計画中 2 基	建設中 2 基	休止中 4 基	

運転年数	スウェーデン	中国	スペイン	ベルギー	台湾	インド	チェコ	スイス	フィンランド
40 年以上（1971 年 12 月以前に運転開始）	1 基（閉鎖）	—	2 基（うち 1 基閉鎖）	1 基（閉鎖）	—	2 基	—	—	—
30 年以上（1981 年 12 月以前に運転開始）	9 基（うち 2 基閉鎖）	—	1 基（閉鎖）	3 基	3 基	2 基	—	1 基	3 基
20 年以上（1991 年 12 月以前に運転開始）	3 基	—	8 基	4 基	3 基	3 基	4 基	—	1 基
10 年以上（2001 年 12 月以前に運転開始）	—	3 基	—	—	—	8 基	—	—	—
10 年未満（2002 年 1 月以降に運転開始）	—	8 基	—	—	—	3 基	2 基	—	—
建設中 計画中		建設中 10 基		建設中 2 基	建設中 6 基、計画中 8 基	計画中 2 基		計画中 1 基	計画中 1 基

	ブラジル	ブルガリア	ハンガリー	南アフリカ	スロバキア	ルーマニア	メキシコ	アルゼンチン	スロベニア
40年以上 (1971年12月以前に運転開始)	—	—	—	—	—	—	—	—	—
30年以上 (1981年12月以前に運転開始)	—	3基	—	—	3基 (すべて閉鎖)	—	—	1基	—
20年以上 (1991年12月以前に運転開始)	1基	2基	4基	2基	2基		1基	1基	1基
10年以上 (2001年12月以前に運転開始)	1基	1基	—		2基	1基	1基	—	—
10年未満 (2002年1月以降に運転開始)	—	—	—		—	1基	—	—	—
建設中 計画中		休止中2基、閉鎖2基		計画中1基	建設中2基	建設中3基		建設中1基	

運転年数	オランダ	パキスタン	アルメニア	イタリア	カザフスタン	リトアニア
40年以上 (1971年12月以前に運転開始)	1基 (閉鎖)	—	—	3基 (すべて閉鎖)	—	—
30年以上 (1981年12月以前に運転開始)	1基	1基	2基 (うち1基閉鎖)	1基 (閉鎖)	1基 (閉鎖)	—
20年以上 (1991年12月以前に運転開始)	—	—	—	—	—	2基 (すべて閉鎖)
10年以上 (2001年12月以前に運転開始)	—	—	—	—	—	—
10年未満 (2002年1月以降に運転開始)	—	—	—	—	—	—
建設中 計画中		建設中1基				

(注) 上記の国以外では、エジプトが計画中2基、インドネシアが計画中4基、イランが建設中1基、計画中1基、イスラエルが計画中1基、トルコが計画中3基、ベトナムが計画中4基、アラブが計画中4基、（2010年1月1日現在）となっている。

(出所) 日本原子力産業協会『世界の原子力発電開発の動向2010年版』2010年4月15日に基づき作成。

1月6日に「原子炉等規制法」を改正し、原子力発電所の運転期間を40年とし、「例外を設ける」方針を発表していた。「原発の寿命40年」に「例外規定20年」を加えると60年まで運転が可能になる。40年以上の延長は「極めて例外的」としている。

　「40年廃炉」に「例外として最大20年の原発の運転延長」を認める根拠として、アメリカの運転延長制度にならったといわれる。この例外規定はアメリカの原子力規制委員会（NRC）の方式と同じである。アメリカの原子力発電所の運転の実際を見ると、40年以上の場合には29基の稼働のうち、すでに20基が運転を閉鎖している。実に69％の原発が閉鎖されていることになる。この中には1979年3月28日に閉鎖された「スリーマイルアイランド—2（炉型PWR)」が含まれているが、これは原子力発電事故で閉鎖された原子炉である。また、30年以上40年以下の運転でも58基のうち8基が既に閉鎖されている。なお、アメリカでは、スリーマイルアイランド—2の原発事故以降、原発建設が途絶えていたが、新たに原発8基が計画中である。

　原発の寿命は今回の原発事故原因とも関連してくる。福島第一原発1号機では、老朽化により地震で壊れるのは配管部分である。配管が津波によって破断したが、老朽化が影響した可能性はある。

　ドイツでは日本の福島原発事故を契機にして2022年までにすべての原発を停止することを決定した[7]。2011年6月30日、ドイツ連邦議会は圧倒的多数の賛成で原子力法の改正を決定した。8原発の恒久的運転停止とあわせて、残りの9原発も2022年まで順次に運転停止することをにらむものであった。「ドイツの脱原発は逆戻りできない過程であるが、課題も多い。脱原発は可能だが、CO_2削減との両立が困難であり、既設建築物の断熱と交通分野からのCO_2削減が最大の課題である」[8]と言われている。

5　東京電力から東京電力ホールディングスカンパニー制へ移行

　2015年6月に電力システム改革の第3段階となる送配電部門の法的分離を定めた改正電気事業法が成立した。また2016年4月から小売全面自由化が始まった。

　2016年3月期の売上高（営業収益）は、前年度に比べ10.8%減少の6兆699億円となり、営業外収益を加えた経常収益は6兆1,410億円となった。経常費用は、原油安で燃料費が大幅に減少したことから12.5%減の5兆8,151億円となり、経常利益は3,259億円となった。

　原子力損害賠償・廃炉等支援機構からの資金交付金6,997億円や退職給付制度改定益610億円などの特別利益が7,730億円となった。他方、原子力損害賠償費が6,786億円、全面自由化や競争基盤構築のために減損損失2,333億円を加えた9,119億円を特別損失として計上した。この結果、「親会社に帰属する当期純利益」は1,407億円となった。

　東京電力は、2016年4月から**図表1-7**のように東京電力ホールディングカンパニー制へ移行した。燃料・火力発電事業を東京電力フュエル＆

図表1-7　東京電力ホールディングスカンパニー体制

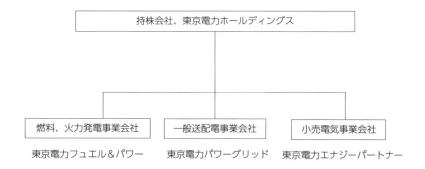

パワー、送配電事業を東京電力パワーグリッド、小売電気事業を東京電力エナジーパートナーへそれぞれ承継させ、持株会社として「東京電力ホールディングス」へ変更した（**図表 1-7**）。

「コーポレート」は、各カンパニーへの共通サービスの提供や原子力発電事業を行なう。売上高は 2015 年度が 7,453 億円、営業費用は 9,601 億円で、この結果、営業損失が 2,147 億円となった。コーポレートは福島原発事故による賠償を行なっており、2011 年から 2016 年 3 月までに累計約 6 兆 438 億円を支払っている。売上高営業損失率は△ 28.81%であり、前年度の△ 115.26%よりも減少している。従業員は 12,954 人である。

東京電力フュエル＆パワーは、燃料・火力発電事業を行なった。売上高は、2 兆 4,521 億円、営業費用は 2 兆 1,182 億円となり営業利益は 3,339 億円となった。売上高営業利益率は 13.62%であり、前年度の 10.81%よりも 2.81 ポイント上昇している。従業員は 3,008 人である。

東京電力パワーグリッドは送配電事業を行なっている。売上高は 1 兆 6,854 億円、営業利益が 1,461 億円となった。売上高営業利益率は 8.67%で、前年度の 6.34%に比べ、マイナス 2.33%となった。ここでは安定供給と託送原価を下げるためにコスト削減している。従業員は 23,146 人である。

カスタマーサービスは小売電気事業を行なっている。売上高は 5 兆 9,501 億円であるのに対して営業利益は 1,064 億円、1.79%で、前年度の 5.21%よりも 3.42 ポイント低くなっている。従業員は 3,747 人である。

主要な借入先は、日本政策投資銀行 9,173 億円、三井住友銀行 8,246 億円、みずほ銀行 4,321 億円など 6 社で 2 兆 7,413 億円の借入金残高（2016 年 3 月末）がある。大株主は、原子力損害賠償・廃炉等支援機構が 19 億 4,000 万株（出資比率 54.74%）を所有している。

（注）

(1) 角瀬保雄、谷江武士『東京電力』大月書店、54 ～ 55 ページ。

(2) 東京電力の原子力発電所の運転開始年月は以下の通りであった。

福島第一原発（福島県）		柏崎刈羽原発（新潟県）	
1 号機	1971 年 3 月	1 号機	1985 年 9 月
2 号機	1974 年 7 月	2 号機	1990 年 9 月
3 号機	1976 年 3 月	3 号機	1993 年 8 月
4 号機	1978 年 10 月	4 号機	1994 年 8 月
5 号機	1978 年 4 月	5 号機	1990 年 4 月
6 号機	1979 年 10 月	6 号機	1996 年 11 月
福島第二原発（福島県）		7 号機	1997 年 7 月
1 号機	1982 年 4 月	東通原発（青森県）	
2 号機	1984 年 2 月	1 号機	建設中（2011 年中断）
3 号機	1985 年 6 月		
4 号機	1987 年 8 月		

（出所）東京電力ホールディングス・ホームページ

(3) 毎日新聞、2016 年 2 月 25 日。

(4) 舘野淳「原発老朽化問題——安全無視の『運転可能』報告」『核・原子力エネルギー問題ニュース』No261、2005 年 9 月 15 日。

(5) 日本経済新聞、2011 年 11 月 30 日。

(6) 舘野淳稿、NERIC NEWS、No326、2011 年 12 月号。

(7) JOACHIM RADKAU & LOTHAR HAHN, Aufstieg und Fall der deutschen Atom wirtschaft, oekom, 2013、ヨアヒム・ラートカウ、ロータル・ハーン（山縣光晶、長谷川純、小澤彩羽訳）『原子力と人間の歴史』築地書館、2015 年 10 月、404 ページ。

(8) 吉田文和『ドイツの挑戦—エネルギー大転換の日独比較』日本評論社、72 ページ。

第2章

東京電力の原子力発電事故

　2011年3月11日の東日本大震災と東京電力の原子力発電所（以下、原発という場合もある）事故は、東日本の地域住民、農・漁業、中小企業、大企業などの広範な人々に大きな被害を及ぼした。東京電力は原子力発電事故に伴う損害賠償や廃炉費用などの財政支払能力が問題となっている。東京電力福島第一原子力発電事故に焦点をあてて住民の避難・帰還と作業員の被ばく、そして福島原発事故の原因について見ていこう。

1　日本の原子力発電とその事故責任

□事故の教訓は生かされず

　1973年秋の石油危機を契機に日本政府は石油から原子力へのエネルギー政策の転換を図り、電力会社は原子力発電重視へ移行した。その頃、1979年3月28日にアメリカのスリーマイル・アイランド（TMI）2号機で史上最大の冷却水喪失事故が発生した。

　（注）スリーマイル・アイランド原発事故
　　アメリカペンシルバニア州のスリーマイル島原発2号機（加圧水型軽水炉）で1979年3月28日に起きた事故。給水ポンプが動かなくなり、人為ミスなどが重

なりメルトダウンに至った。国際的事故評価ではレベル 5 であった。

さらに 1986 年 4 月 26 日にウクライナ（旧ソ連）でチェルノブイリ原子力発電所において原発事故が発生した。

　（注）チェルノブイリ原発事故
　　　1986 年 4 月 26 日にソヴィエト連邦ウクライナの原発事故である。国際的事故評価では、レベル 7 で最悪であった（図表 2-1 参照）。2013 年時点でも、原発から半径 30km 以内での居住が禁止され、北東へ向かって 350km 内でホットスポットが約 100 ヵ所あり、ここでは農業などが全面的に禁止されている。

日本でも、1995 年に高速増殖原型炉「もんじゅ」は二次冷却系ナトリウム漏えい事故を起こし、原子力発電にたいする「安全神話」は次第に崩壊していった。また核燃料サイクルでは、関西電力のプルサーマル実験炉が冷却水漏れ事故を起こし、東京電力でも 2000 年 1 月に福島第一原発でプルサーマル発電の延期を決めている。この「もんじゅ」事故により、高速増殖炉の開発が停滞した。また青森県六ケ所村再処理工場

図表 2-1　原発事故のレベル

（国際原子力・放射線事象評価尺度）

		レベル	事故例
事故	7	深刻な事故	旧ソ連・チェルノブイリ原発事故（1986 年） 日本・福島第一原発事故（2011 年）
	6	大事故	
	5	広範囲な影響を伴う事故	英国・ウインズケール原子炉事故（1957 年） 米国・スリーマイル島発電所事故（1979 年）
	4	局所的な影響を伴う事故	日本・ＪＣＯ臨界事故（1999 年） フランス・サンローラン発電所事故（1980 年）
異常な事象	3	重大な異常事象	スペイン・バンデロス発電所火災事象（1989 年）
	2	異常事象	日本・美浜発電所 2 号機蒸気発生器伝熱管損傷事象（1991 年）
	1	逸脱	日本・「もんじゅ」ナトリウム漏れ事故（1995 年）、日本・敦賀発電所 2 号機 1 次冷却材漏れ（1999 年）、日本・浜岡発電所 1 号機余熱除去系配管破断（2001 年）、日本・美浜原子力発電所 3 号機 2 次系配管破損事故（2004 年）
	0	尺度未満	（安全上重要ではない事象）

（出所）「放射線による健康影響等に関する統一的な基礎資料（平成 26 年度版）」　環境省　より

への使用済み核燃料搬入にかかわる安全協定の締結の目途もたたなかった。このため、各発電所の貯蔵プールには使用済み核燃料が限度近くまで蓄積していた。青森県六ケ所村の再処理工場が稼働するのは、ずっと先のことである。

□せまる原発の寿命

さらに2000年をすぎると原子力発電所の「耐用年数」が近づいてきた。その廃炉処理技術や巨額の廃炉費用の問題が現実のこととなってきたのである。日本には原子力発電所の耐用年数に関する明確な規定はなかった。原子力発電所の耐用年数の問題は廃炉とも関連している。政府は、2012年1月に原子力発電所の寿命（40年とし、さらに20年延長）を「原子炉等規制法」の中で初めて規定した。

1995年の電気事業法改正では「発電所における保安規制の緩和」が行われた。実際に緩和されたのは、水力発電、火力発電のみで、原子力発電は年に1回程度の点検が義務付けられていただけである。1回の点検で平均3ヵ月間を要していたが、1995年5月の中部電力浜岡原発3号機（静岡）における定期点検を2ヵ月間に短縮した。これは、すでに東京電力が実施し、中部電力も定期点検の期間短縮をしたものである。1ヵ月短縮することで、浜岡原発全体の稼働率が2％向上し、年間16億円のコスト節減ができる。しかし、この定期点検の短縮による稼働率の向上は、原子力発電所の安全性に影響し、その地域住民に不安をもたらすものとなった。

浜岡原発は、東海地震の可能性が指摘されている地域にある。このため東日本大震災後（2011年5月）に中部電力は、地域住民や菅首相（当時）の浜岡原発の停止要請を受け入れて停止した。とりわけ設備利用率の上がり下がりの大きい浜岡原発1号機（1976年3月に運転開始）は、とくに危険な圧力容器底の部分に傷をもっており、直ちに廃炉にすべきといわれた。

また「もんじゅ」事故の2年前の1993年の秋に、宮城県にある東北電力女川原子力発電所が、地震のため設計上想定していなかったトラブルによって自動停止した。また、この時期にそれと同型の沸騰水型の原子力発電所が、浜岡にも2基存在した。設計会社・専門家・中部電力は、「調査した結果、安全性には問題ない」と発表したものの、1995年度電源開発基本計画に原子力発電所で唯一組み込まれた浜岡5号機の建設にたいし、地元住民は強く反対した

□すでに崩れていた「安全神話」

このように日本での原子力発電事故・トラブルは、1990年以降に大事故が多く発生している。とくに1989年には東京電力の福島第一原発（3号機）の再循環ポンプ破損事故があり、1995年12月8日には、高速増殖炉「もんじゅ」のナトリウム漏れ事故や事故に関する虚偽報告が問題となった。

1999年7月12日には、日本原子力発電（日本原電と略）敦賀原発2号機の配管破断一次冷却水漏れ事故が発生した。このため日本原電は、国内初の改良型加圧水型軽水炉（APWR）の敦賀3、4号機の増設手続きを保留にした。この冷却水漏れ事故は、配管に亀裂が生じ、配管の切り出し作業を行なった。亀裂は、配管の突然の割れといわれ、原発の事故ではほとんど例がない。

1999年9月30日10時35分に、茨城県東海村の核燃料加工施設・JCO（株式会社ジェー・シー・オー＝住友金属鉱山の子会社）で臨界事故が発生した。この事故によって3人の作業員が大量の放射線を浴び、うち2人が死亡した。この事故について舘野淳氏は「JCOでの放射性物質の取扱いを、私たち初期の原子力研究従事者が受けてきた教育と比較してみると技術の断絶・空洞化が生じているのではないか心配になる」[1]と述べている。この東海村のJCO臨界事故によって、原子力発電の「安全神話」は崩壊し、原子力行政のあり方が問われた。

（注）核燃料加工施設（JCO）事故

　日本国内で初めて核燃料加工施設での事故によって死亡者を出した。この後、関係法等の改正が行われ、「核燃料物質の加工の事業に関する規則」（2015年8月最終改正）では、「核燃料物質が臨界状態（原子核分裂の連鎖反応が継続している状態をいう）になること、その他の事故が発生した場合における当該事故に対処するために必要な施設及び体制の整備」が規定されている。

　2004年8月9日には、福井県の関西電力・美浜原子力発電所の3号機が二次系冷却水大口径配管の破断事故で、定期検査の作業員に300度の高温水が降りかかり、4名が亡くなり、7名が大やけどを負った。この原因も設備の老朽化と点検漏れであった。

　原子力発電所の状況では、関西電力の原発である美浜1号機は、1970年11月28日に営業運転を開始し、すでに30年が経過していた。建設当初、この寿命を30年としていたが、そのまま使い続けている。40年目に再評価をし、経済産業省に寿命延長を申請し、2009年11月承認を得た。しかし、09年11月6日の起動予定時には、またトラブルが発生した。これは点検中に制御棒の動作確認で、制御棒の駆動装置の電源故障を示す警報が出されたまま止まった。古くなった設備の延命を図っているが、限界を超えている現状といえる。

　このように1995年以降になると原子力発電事故のトラブルが多く発生してきた。これらの事故が発生[2]するにつれて、原子力発電の「安全神話」が崩れていった。

2　東京電力福島第一原発事故と住民避難

□日本の原発計画─原子力を5割に

　2011年3月11日に、東京電力・福島第一原子力発電所（福島第一原発）と同第二原発は、東日本大震災・津波により被災し、原発事故が発生した。東京電力は、福島第一原発の原子炉のうち1号機から4号機までの廃炉を決定、5号機、6号機は運転再開の目途が立っていない。

この東電原発事故以前には、日本の原子力発電は後記のように建設中及び計画中による増設が考えられていた。つまり、2010年6月の「エネルギー基本計画」では、2020年までの10年間に原子力発電所9基を新設、2030年に原子力発電の比率を5割まで引き上げる計画であった。

2010年1月1日時点の日本で建設中であった原子力発電所は、「原子力機構」のもんじゅ（改造して運転再開）、「電源開発」の大間原発（青森県）、中国電力の島根原発3号機である。また計画中の原子力発電所は、東京電力の福島第一7号機、同8号機、中部電力の浜岡6号機、中国電力の上関1号機、同2号機（山口県）、東北電力の浪江・小高（福島県）、九州電力の川内3号機、原電の敦賀3号機、同4号機、東北電力の東北・東通2号機、東京電力の東京・東通1号機、同2号機（青森県）である[3]。

□ふるさとを奪われた住民

2011年3月11日から3月18日の7日間の福島第一原発事故について見よう。3月11日の原発事故発生から3月12日に福島第一原発1号機が水素爆発した。

原発のある大熊町、双葉町の北隣にある浪江町では3月12日に10km圏避難区域が指定された。同町の内陸部津島地区は、原発から20km離れているので大丈夫だと言われ、10km圏から1万人の住民が押し寄せた。しかし3月14日には福島第一原発3号機が水素爆発を起こしたため20km圏に避難指示が出た。住民は被ばく対策としてヨウ素剤を飲む必要があったが、津島の1万人以上の避難者に対して500人分しかなかったため断念した。また3月14日を過ぎても高齢者はバスにも乗れず、避難できなかった。

のちに浪江町の町民は、放射能の流れる北西方向に避難していたことがわかった。福島第1原発2号機、4号機の水素爆発の際、当時の政府は20km、30km離れた人は屋内に避難するように指示したが、とどま

るより北西以外への避難指示が必要だった。

　南相馬市では、3月16日に屋内退避区域に入らないよう、国土交通省の指示があった。放射線量が高かったので民間人を入らせないように交通規制をした。3月17日には、市独自のバスで8割以上が避難した。しかし高齢者や障害者の家族が取り残された。3月18日に取り残された人の中では、訪問介護を受けていた高齢者のうち5人が取り残され、亡くなっていた。5年たった今でも原発避難は終わっていない。

□炉心溶融（メルトダウン）の清浄化

　東京電力福島第一原発事故の収束に向けて原子力委員会は、2011年12月にその専門部会から「東京電力（株）福島第一原子力発電所における中長期措置に関する検討結果」報告書[4]を受け取っている。この報告書では「過去に炉心溶融を起こした米国スリーマイル・アイランド原子力発電所2号機で行われた燃料デブリ取出し作業を含む清浄化の取組を参考に、福島第一原子力発電所の清浄化のために行われるべき作業を整理し、各作業を実施するために必要な研究開発課題を抽出し、それらの研究開発の位置づけを明らかにした。中長期措置技術ロードマップをとりまとめるとともに、これらの取組を進める際の基本姿勢や研究開発の推進体制及び国際協力のあり方に関して提言している」[5]。

　とくに「燃料デブリ取り出し作業」では米国スリーマイル・アイランド原発2号機（TMI—2と略）の清浄化の取組を参考にしている。このTMI—2は、過去の原発事故で重大な炉心損傷を経験している。この報告書の第2章ではTMI—2よりも厳しい状況にある福島第一原子力発電所の中長期作業の取組をまとめている。福島第一原発の1、2、3号機では、炉心溶融が発生したので、「核燃料が炉内構造物の一部と溶融した上で再度固化した状態（以下、「燃料デブリ」）となって、原子炉圧力容器（以下、RPV）下部に存在し、その一部はRPVから落下して原子炉格納容器（以下、「PCV」）内にも存在している可能性がある」[6]。

また「1，2，3，4号機の使用済燃料プール内には多数の使用済燃料体や新燃料体が残されている。そこで、放射性物質を多量に含むこれらの燃料体や燃料デブリを可及的速やかに原子炉本体から取り出して安全な場所に移して、施設をより安全な状態にすることは中長期の取組の目指すところである」[7]といわれる。このデブリを取り出す作業が最も重要である。

　この中長期の取組の参考として、前述のアメリカのTMI―2の原発事故を掲げている。TMI―2の場合にも事故後は「建屋内は高線量下となり、さらに地下には高線量の汚染水が滞留し、人が容易に近づけない状況であった。……炉心については、福島第一原子力発電所と同様に大規模な損傷に至ったが、炉心燃料は大部分が燃料デブリとなってRPV内に留っていたので、これを約11年かけて取り出している。」[8]。

　福島第一原発は「沸騰水型原子炉（以下、「BWR」という。）であって、加圧水型原子炉（以下、「PWR」という。）であるTMI―2とは、格納容器の構造が異なること、その事故による建屋や設備の損傷の度合いはTMI―2の場合より大きい。しかしながら、原子炉容器の中で炉心が溶融に至っていることはTMI―2と同様である」[9]ことから、TMI―2の取組事例を参考にしている。

　　（注）沸騰水型原子炉と加圧水型原子炉との違い
　　　加圧水型（PWR）は、タービンをまわす水蒸気が放射能汚染されていない。
　　　沸騰水型（BWR）は、タービンを回す水蒸気が放射能汚染されている。原子炉
　　　で沸騰した水蒸気をそのままタービンに送るため放射能汚染している。

　こうしてアメリカTMI―2における「クリーンアップ活動」を参考にして、福島第一原発の長期実施の取組をまとめているのである。この「クリーンアップ活動」は「1980年3月にGPUN（TMI―2を所有する電力会社：メトロポリタン・エジソン社）、DOE（米エネルギー省）、NRC（米原子力規制委員会）、EPRI（米電力中央研究所）、の4つの組織がGEND（合同実施体制）による協力合意を締結して開始された。」[10]。「クリーンアップ活動」での担当は以下のようである[11]。

1　GPUN（電力会社）は、クリーンアッププログラムの作成、復旧作業、データ収集など担当。

2　NRC は電力会社から提出された技術評価報告書、安全評価報告書のレビュー、安全解析報告書を審査する。

3　EPRI は、除染技術、遠隔技術、事故原因の究明のための解析評価などの研究開発プロジェクトをサポートする。

4　DOE は高レベル放射性廃棄物の処理をする。

2016 年 2 月時点には、福島第一原発事故による廃炉作業は、汚染水対策のため凍土壁（氷の壁）が未だ完成していないし、核燃料（デブリ）の取り出しも遅れている。原子炉内部の状況も確認できていないし、デブリを取り出す方法や高レベル放射性廃棄物をどうするかも不明である。この廃炉期間も 40 年を努力目標としているが廃炉費用負担や人員確保、技術などは、大丈夫か否か。また福島第二原発をどうするか。福島県知事は全機廃炉というが、経済大臣は東電がこの声を聞き判断してほしいと述べるにとどまっている。

□住民の被害状況

つぎに**表 2-2** の「住民の被ばくの状況」を見ると福島県では 2011 年 3 月 12 日以来、住民のスクリーニングを行っている。10 月末までに 23 万 2,000 人余りが、スクリーニングを受けたと言われる。今回の東京電力の原発事故の影響によって 100,000cpm 以上であった者は 102 人、13,000cpm 以上であった者は 1,003 人であった[12]。

図表 2-3 の福島第一原発事故による避難者数（概数）を見ると、警戒区域が 77,100 人、計画避難区域で 27,250 人が避難しており、合計 114,460 人が避難している。なお国の原子力災害対策本部は、原子力災害対策特別措置法（原災法と略）に基づき福島第一原発から半径 20 km

図表 2-2　住民の被ばくの状況

被ばく線量（cpm）	人数（人）	割合（%）
100,000 以上	102	0.04
13,000 以上〜 100,000 未満	901	0.39
13,000 未満	231,838	99.57
合計	232,841	

（注）人数は福島県調べ 2011 年 10 月 31 日時点
（出所）東京電力福島原子力発電所における事故調査検証委員会『中間報告（本文編）』、2011 年 12 月 26 日。

図表 2-3　福島第一原発事故による避難者数（概数）（2011 年 10 月 31 日時点）

	警戒区域	計画的非難区域	旧緊急時避難準備区域	合計	主な避難先
大熊町	11,500	—	—	11,500	田村市、会津若松市
双葉町	6,900	—	—	6,900	川俣町、埼玉県加須市等
富岡町	16,000	—	—	16,000	郡山市等
浪江町	19,600	1,300	—	20,900	二本松市等
飯館村	—	6,200	—	6,200	福島市等
葛尾村	300	1,300	—	1,600	福島市、会津坂下町、三春町等
川内村	400	—	2,500	2,900	郡山市等
川俣町	—	1,300	—	1,300	川俣町、福島市等
田村市	400	—	2,100	2,500	田村市、郡山市等
楢葉町	7,700	—	50	7,750	いわき市、会津美里町等
広野町	—	—	5,100	5,100	いわき市等
南相馬市	14,300	10	17,500	31,810	福島市、相馬市等
合計	77,100	10,110	27,250	114,460	

（注）人数は福島県調べ　2011 年 10 月 31 日時点
（出所）図表 2 － 2 に同じ。

圏内を警戒区域に、事故発生から 1 年間の積算線量が 20 mSv（マイクロシーベルト）に達するおそれのある区域を計画的避難区域に、緊急時に屋内避難や避難の対応が求められる可能性がある区域を緊急時避難準備区域に指定した[13]。

　　（注）ミリシーベルト（mSv）
　　　　放射線を短期間に全身被ばくした場合の致死線は、5%致死線量（被ばくした人の 20 人に 1 人が死に至る線量）が 2 シーベルト（2,000 ミリシーベルト）、

100％致死線量が7シーベルトといわれる。国際放射線防護防護委員会は、現存被ばく状況では1～20mSvの範囲で参考レベルを設定し、線量低減対策をとるよう勧告している（野口邦和「年間20mSvの基準に寄せて」NERIC　NEWS No.381 .2016年7月号、4ページ）。

□東京電力の賠償額の計算

2011年10月3日には、東京電力経営・財務調査タスクフォース事務局が「東京電力に関する経営・財務調査委員会報告の概要」を発表した。この中で東京電力の賠償額の試算が行なわれている。収束までの期間に応じた賠償額では、初年度分約1兆1,276億円、2年度以降分8,972億円／年である。内訳として避難・帰宅費用約1,139億円、精神的損害約1,276億円、営業損害約1,915億円、就労不能等に伴う損害約2,649億円、一時立入費用約79億円などである。

また、財物価値の喪失や風評被害等に対する賠償額は約2兆6,184億円である。内訳として財物価値の喪失約5,707億円、いわゆる風評被害（農漁業、観光、製造、サービス）約1兆3,039億円などである。しかし実際の住民や事業者に対する損害賠償額の算定や支払は、遅々として進んでいない。政府が2011年9月に設立した「紛争解決センター」の機能の限界も見えるといわれ、案件が10万件以上ある中で2012年3月2日までの申し立ては1,181件と伸び悩み、和解成立は、まだ16件だけといわれる[14]。

　（注）紛争解決センター
　　　正式には「原子力損害賠償紛争解決センター」という。2012年3月に設立した。原発賠償問題に関し迅速に解決することを目的にしている。

2015年11月現在で、原子力発電事故で福島では10.2万人が故郷を離れて住んでいる。福島大学の今井照氏は、最近では「気力を失っている人が増えている」といい、楢葉町では、帰還するための①住宅建設が進んでいない。②原発状況が不安定であるとの理由で帰っていないという。福島県知事は、①復興の課題として10万人が帰っていない。②除染が

まだ終わっていない。廃炉に40年かかる。③中間貯蔵施設の進展がはかばかしくない。④風評被害がある点を掲げている。

　復興支援策として、精神的損害に対して、1人当たり月10万円×7年分＝840万円を支払う。

　健康への影響については甲状腺調査し、一巡目の調査では30万人のうち115人が、甲状腺がんや甲状腺がんの疑いがある。なお、県外にいる人や進学して福島を離れている人の受診がしづらいといわれる。

　除染による廃棄物の処分については、2,200万㎥の住宅・田畑などが必要である。仮置き場から中間貯蔵施設や最終処分場が必要である。中間貯蔵施設の建設も進んでいない。

　今井照氏は、①解決できない課題が多い。②福島第一原発問題をかたづけてから原発の再稼働を考えるべきという。なぜ甲状腺がんになったのか。75％がリンパ節へ転移しているという。「原発との関係はない」と医師はいうが、「3.11甲状腺がん家族の会」（5家族）は、県や国に働きかけている[15]。岡山大学の津田敏秀氏は、2015年10月6日に公表した論文で「福島での小児甲状腺がんの発生率について地区ごとの分析を行った結果、全国の小児甲状腺がんの罹患率と比べ20〜50倍の多発である」といい、津田氏は「福島の現状は、事故後1〜3年後のチェルノブイリよりもさらに多発であり、今後さらに増加する可能性があると警告を発し、今から準備するよう訴えている」[16]。

3　福島第一原発の事故における作業員の被曝

□重層下請け構造と「ピンハネ」

　2011年12月26日の「東京電力福島原子力発電所における事故調査・検証委員会」（委員長、畑村洋太郎氏）の「中間報告（本文編）」によると、福島第一原発からは大量の放射性物質が放出され、「福島県だけでなく、東日本の広範囲な地域に拡散し、放射能汚染の問題は、子供を含めた多

くの人々に健康への影響に対する不安を与え、農畜産物の生産者等に甚大な被害をもたらすとともに、消費者の不安も招くなど、国民生活に極めて広範かつ深刻な影響を及ぼしている」[17]。

　この「中間報告（資料編）」では、福島第一原発において、3月11日から9月末までの間に16,900人余りが緊急作業に従事している。「緊急作業に従事する間に受ける線量の限度は、従来、法令により100 mSvとされていたところ、3月14日、今般の事故に係る特にやむを得ない緊急作業についての線量の限度は250 mSvに引き上げられた。250 mSvを超えて被ばくした者は6人である」[18]といわれている（**図表2-4**）。

　福島第一原発の中で働くAさん、Bさん、Cさんの3名の従業員の実態を日本弁護士連合会編『検証原発労働』（岩波書店）で見よう。

　「Aさんは長年にわたり上位の下請業者の経営に関わってきた友人である。そのような人が『東電からは、従業員の日給は1日10万円近い金額が出ていると思う』との証言をしているのであり、この証言には相当程度の信用性が認められる。Aさんが実際に経験しているところだけでも、Aさんの会社が従業員1人当たりの日給を2万円で受けても、

図表 2-4　作業員の被ばく状況

被ばく線量（mSv）	人数	割合（%）
250 超	6	0.04
200 超〜 250 以下	3	0.02
150 超〜 200 以下	20	0.12
100 超〜 150 以下	133	0.79
50 超〜 100 以下	588	3.48
20 超〜 50 以下	2,193	12.96
10 超〜 20 以下	2,633	15.57
10 以下	11,340	67.04
合計	16,916	

（注）人数は東京電力調べ　2011年9月30日時点
（出所）東京電力福島原子力発電所における事故調査検証委員会『中間報告（本文編）』、2011年12月26日。

実際の労働者の日給は 8,000 円程度になることもあり、その場合には手数料の名目で 12,000 円がピンハネされている」[19]。

　Aさん（60 代男性）は原発労働に約 30 年間従事している。労働者からたたき上げで下請け業の経営者になったといわれる。この原子力発電所の「下請の重層構造」[20] をみると、まず東京電力があり、そのもとでメーカーである日立と東芝が元請けとして請け負う。その下に東電の関連企業があり、Aさんは東芝や日立から一次業者として認定される。認定されるためには安全管理や放射線管理等についてきちんとした作業要領書をつくり、それにのっとって作業をしなければならない。一次業者の上に東芝や日立の関連会社（東芝プラントシステム、日立プラントテクノロジー）が入っている。一次業者のほとんどは東京の業者で地元業者はあまりいない。ひとつの（原発の）検査工事に 50 人の作業員が必要だとすれば、一次業者の社員は 5 〜 6 名。残りの作業員は 2 次以下の下請業者に頼む。2 次以下の業者は自由に移る。一次業者よりもさらに下の下請か会社が 3 つある（2 次下請、3 次下請、4 次下請）が、それ以上は無い。それ以上になると下請けに出す際の手数料を取ることができなくなるからである。

　労働者に雇用保険などの社会保険をかけるのは難しいといわれる。一次業者は社会保険完備だが、その下になると入っていない人が多い。

　「原発労働の実態」[21] について見ると、30 年くらい前は原発作業員の 1 日の実労働時間は 3 時間程度だった。原発の作業では被曝する作業としない作業がある。タービン建屋の作業なら被曝しないが、原子炉建屋内の原子炉に近いところでの作業は被曝する。東京電力の社員は現場にはたまに見に来たり、検査時に立ち会ったりする程度である。

　2011 年 3 月 11 日以降の復旧作業は、普段の作業とは何もかも違う。いまは、東京電力の正社員を現場に投入しており、かなりの正社員が相当程度被曝していると思われるが、東芝や日立の社員はできるだけ現場に入らないようにしている。作業員に高齢者が増えてきた。作業員には

「いわき」や相馬など地元の人が多い。20 代、30 代がいない。

　Ｂさん（30 代男性）の証言[22] では、Ｙ社という会社に雇われているが、その会社は東京電力（発注者）―東芝（元請け）―第一次下請け―第二次下請け―第三次下請け―Ｙ社という系列になっている。Ｙ社は第 4 次下請けである。日給は 1 日 8,000 円で、放射線管理区域に入る仕事でも日給はそれほど変らない。月 16 万円程度の給料をもらっている。2011 年 5 月に原発の作業中に作業員が死亡するという事故があったが、その後、労災保険については下請けの従業員も含めて、全員が対象となるようにした。

　Ｃさん（50 代男性）の証言[23] では放射線管理について述べている。作業着は東京電力の制服を着ることになっていた。原発内では、放射線量に応じて Ａ、Ｂ、Ｃ区域に分かれており、Ｃ区域では、赤っぽい作業着を着ており、作業着を着ると非常に暑く、夏場は熱中症で倒れる人が多くて、しょっちゅう救急車が来ていたといわれる。

　東京電力福島第一原発事故で廃炉作業に携わる協力企業は、東電が発注する工事請負企業を意味する。この協力企業は、直接受注する東芝などの原子力メーカー、鹿島などの大手建設会社の元請け約 40 社と、その下での中小の建設会社など 1,000 社以上が工事を請け負っている。246 社にアンケートを送り、このうち 42 社から回答があった企業のうち、従業員不足企業が 21 社で足りている企業 20 社を上回った。この不足原因は「定年で現場も離れる人が多い一方、若い人が集まらない」が 10 社で最も多い。「技術の継承が難しい」（7 社）、「放射線量が高く、希望者が減っている」（6 社）となっている[24]。

　作業では除染作業員の被ばく問題がある。作業員は過酷な作業環境の中で死亡事故（2015 年に 3 人亡くなっている）を含め労災問題が生じている。

　事故から 2016 年 1 月までに厚生労働省が白血病労災認定の判断基準の 1 つとする年間被ばく線量 5 ミリシーベルトを超えた作業員は、合計

約42,000人のうち約20,000人である。「作業員のうち50代以上のベテランが占める割合は45％である。2021年には溶けた核燃料の回収など廃炉が本格化する中で、ベテランの引退が進めば人材や技術が先細りしかねない」[25]。

福島第一原発の汚染水問題が発生したのは、事故から2年以上経過した2013年7月であった。同年8月に地上のタンクから汚染水が漏れ、建屋には地下水が流入していたために汚染水が増加した。政府は2015年6月に「東京電力福島第一原子力発電所の廃止措置法等に向けた中長期ロードマップ」を決定した。除染に関する費用については本書第4章を参照して頂きたい。

4 福島原発事故の原因は何か

□世界の原発史上はじめて4基連続の重大事故

東京電力福島原発事故はなぜ起こったのだろうか。「東京電力福島原子力発電所における事故調査・検証委員会」（政府事故調と略）の「中間報告」（2011年12月26日）、「最終報告」（2012年7月23日）にもとづいて見ていこう[26]。

原子力災害の発生は、2011年3月11日の東北地方太平洋沖地震と津波により、福島第一原発の外部電源ならびにほぼすべての内部電源が失われてしまったことである。このため原子炉及び使用済み燃料プールが冷却不能になり、INES（国際原子力事象評価尺度）レベル7の重大事故（Major accident）が発生した。

また福島第二原発でも、レベル3の「深刻なインシデント」（Serious incident）が発生した。

この原発事故は1979年の米国スリーマイル島事故（レベル5）やソ連のチェルノブイリ事故（レベル7）が原子炉単基の事故であったのに対して、福島第一原発の場合は、3基の原子炉において損傷が同時に発生

した点で世界の原子力発電史上はじめての重大な事故であった(27)。

　福島第一原発は、福島県双葉郡大熊町および双葉町にあり、東京電力の原子力発電所の中でも建設時期が古い。1号機が1971年に運転開始（事故時に40年経過）、2号機が1974年に運転開始（事故時に37年経過）、3号機が1976年に運転開始（事故時に35年経過）、4号機及び5号機が1978年に運転開始（事故時に32年経過）している。いずれも30年以上運転した古い原発である。

　1号機から4号機までの原子炉は、2012年4月19日に廃止し、5号機、6号機の2基が残存している。

　「1号機〜4号機の主要建屋設置エリアの浸水高は、O.P.＋約11.5mから+15.5mであった。O.Pとは小名浜港（いわき市）工事基準面のことをいうが、同エリアの敷地高はO.P+10mであることから浸水深（地表面から浸水の高さ）は浅いところで1.5m、深いところで5.5mに達していた。また同エリアの南西部では、局所的にO.P.+16〜17mに達したところもあった。福島第一原発のサイト内において、津波の浸水を最も受けたのがこのエリアであった。一方、1号機〜4号機とは別のブロックに設置されている5号機及び6号機の主要建屋設置エリアの浸水高は、O.P.＋約13mから+14.5mであった。同エリアの敷地高は、O.P.+13mであることから、浸水深は、1.5m以下であった。1号機〜4号機の設置エリアとほぼ同程度の高さの津波に襲われているにもかかわらず、5号機ならびに6号機が冷温停止に成功した要因の一つは、主要設備が相対的に高い場所に設置されていたことにあったからといえよう」(28)。

□事故原因は「安全神話」

　政府事故調は、調査を行なった結果、以下のように結論づけている。

　「福島第一原発の事故原因は、直接的には地震、津波という自然現象に起因するものである。しかし、事故が極めて深刻かつ大規模なものになった背景には、事前の事故防止対策・防災対策、事故発生後の発電所

における現場対処、発電所外における被害拡大防止策について様々な問題点が複合的に存在していた」[29] といい、「何よりも東京電力を含む電力事業者も国も、我が国の原子力発電所では炉心溶融のような深刻な過酷事故は起こり得ないという安全神話に囚われていたがゆえに、危機を身近で起こり得る現実のものと捉えられなくなっていたことに根源的な問題があった」[30] と述べている。

　溶融のような過酷事故は、日本では起こらないという安全神話に対してさまざまな立場から警告が行なわれていた。

（注）
(1) 舘野淳『廃炉時代が始まった——この原発はいらない』リーダーズノート社、2011年9月、35ページ。
(2) これまでの原発事故に関しては、舘野淳、同上書に詳しい。
(3) 日本原子力産業協会『世界の原子力発電開発の動向2010年版』より。
(4) 原子力委員会「東京電力（株）福島原子力発電所における中長期措置に関する検討結果」2011年12月。
(5) 原子力委員会、同上稿、1ページ。
(6) 原子力委員会、同上稿、3ページ。
(7) 原子力委員会、同上稿、3ページ。
(8) 原子力委員会、同上稿、3ページ。
(9) 原子力委員会、同上稿、3ページ。
(10) 原子力委員会、同上稿、3ページ。
(11) 原子力委員会、同上稿、5ページ。
(12) 東京電力福島原子力発電所における事故調査・検証委員会『中間報告（本文編）』2011年12月26日、46ページ。
(13) 同上書、43ページ。
(14) 日本経済新聞、2012年3月6日。
(15) NHK日曜討論2016年3月6日
(16) 満田夏花「甲状腺がん『多発』の中強引に進められる帰還促進政策」『日本の科学者』本の泉社、2016年3月（VOL、51）38ページ。
(17) 東京電力福島原子力発電所における事故調査・検証委員会『中間報告（本文編）』2011年12月26日、1ページ。
(18) 同上稿、42ページ。
(19) 日本弁護士連合会編『検証　原発労働』岩波書店、28ページ。
(20) 同上書、8〜10ページ。

（21）同上書、11 ～ 16 ページ。

（22）同上書、17 ～ 23 ページ。

（23）同上書、23 ～ 27 ページ。

（24）毎日新聞、2016 年 3 月 7 日。

（25）同上紙。

（26）この報告書をまとめた畑村洋太郎、安倍誠治、淵上正朗による『福島原発事故はな
　　ぜ起こったか──政府事故調核心解説』講談社、2013 年 4 月 20 日を参照している。

（27）畑村洋太郎、安倍誠治、淵上正朗、同上書、10 ページ。

（28）同上書、23 ページ。

（29）同上書、33 ページ。

（30）同上書、33 ～ 34 ページ。

第3章

東京電力の原発事故による
財務構造の変化

1　原発事故以前の財務構造

□高度成長期は長距離送電網に投資

　電力産業は、1970年代から90年代末頃までに原子力発電の建設やそれに伴う長距離の送電網設置等のために巨額の設備投資をしてきた。この巨額の設備投資は長期借入金や社債発行によって資金調達をして資金を投入した。この長期借入金や社債発行などの有利子負債に依存したために、支払利息の負担が大きくなった。また巨額の設備投資の増大は減価償却費を増大させた。同時に資金的観点から見ると減価償却費の増大は、内部資金を厚くし、これを設備投資に投入した。

□「電力自由化」で設備投資が減少

　ところが1995年に電気事業法改正により電力自由化（規制緩和）が開始されるに伴って設備投資が大幅に減少している。

　　（注）電力自由化
　　　　日本では1995年より始まった。2000年3月より2,000kW（キロワット）以上

で受電する大需要家に対して電力部分自由化が始まった。2004年には500kW以上で受電する需要家に対して自由化した。2016年4月に、一般家庭等でもIPP（独立発電事業者）から購入可能になった。

　これは、「電力自由化」により電力独占市場に競争原理を導入することにより電気料金を引き下げ、日本企業の燃料費を引き下げて国際競争力を高めようとした政策である。初期には新規参入事業者として三菱商事系のダイヤモンドパワーやNTT系のエネットそして新日鐵などが参入した。他の電力各社も「競争企業」と位置づけられていた。新規参入で落札した事業者は全発電量を電力会社に供給したが、発電量を増やしても供給先を広げることができなかった。

　電力会社は、「電力自由化」のもとで利益をあげて自己資本を増やし自己資本比率を高める政策に転じている。10電力会社に対抗した新規事業者のシェアーは、1.1％を占めるにすぎないので、電力会社の競争相手とならなかった。依然として電力自由化は徹底しなかったので電力会社の地域独占は変わらなかった。

　1995年3月期を境にして設備投資（貸借対照表の有形固定資産・無形固定資産の増加分に当期減価償却費を加えた額、以下同様）は、減少傾向をたどっている。しかも電力会社は2002年度を最後に火力発電所の入札を実施していないし、新規事業者も増えなかった。さらに2002年3月期から2010年3月期までの資金調達運用を見ると、電力産業の設備投資と投融資額は減価償却費（内部資金）の範囲内で賄われるようになっている。加えて内部留保となる利益準備金やその他利益剰余金そして長期性引当金もある。このように2002年3月期から2010年3月期にかけて、設備投資と投融資は減価償却費（内部資金）の範囲にとどまっている。

□財務構造の特徴

　つぎに東京電力の財務構造（**図表3-1**）の特徴を見ていこう。東京電力の長期資金運用を見ると、設備投資は、2000年3月期には1兆4,549

億円であった。これに対して減価償却費は 9,996 億円であるので、設備投資を賄うには 4,553 億円の不足となっていた。また投融資（投資その他の資産の当期増加分）への投入は 2,675 億円である。投融資の主なものとして投資有価証券を取得している。社債・転換社債は 1,541 億円を償還し、長期借入金は 2,141 億円を返済している。これらの有利子負債は合計 3,682 億円になる。

　このように長期資金運用を見ると、設備投資の不足を補ったり、投融資へ投入したり、有利子負債を返済するのに 1 兆 912 億円を支出している。この支出分に対し、内部留保（資金）5,335 億円が充てられたと考えられる。この内部留保（資金）は、資本準備金、利益準備金、その他利益剰余金、旧特定引当金、長期性引当金の増加分（期末分から期首分を控除した額）である。

　これらの内部留保（資金）が投入されても、なおかつ 5,576 億円が不足している。この長期資金の不足分 5,576 億円は、棚卸資産（在庫）の大幅な削減額 6,076 億円（短期資金）があてられたと推測できる。

□電力自由化が安全性を阻害

　さらに 2001 年 3 月期以降を見ると、設備投資は大幅に減少している。これに対して減価償却費は減少しているものの、設備投資額を大幅に上回っている。この傾向は、2005 年には減価償却費が設備投資を上回り、余剰資金が生じている。この余剰資金は社債償還、長期借入金返済に充てられている。

　また、内部留保資金は利益準備金やその他利益剰余金 1,650 億円、旧特定引当金 77 億円、長期性引当金 725 億円、貸倒引当金 14 億円の合計 2438 億円になっている。

　この内部留保資金と減価償却費の余剰 224 億円を合わせると 2,662 億円が長期資金調達における余剰資金となる。この余剰資金は、短期借入金の返済 2,986 億円に充てられる。従って 2005 年には現金預金が 278

図表 3-1 東京電力の長期資金調達・運用（単独ベース）　　　　　　　　（単位；100万円）

決算期	2000.3	2001.3	2002.3	2003.3	2004.3
長期資金運用－有形固定資産	1,423,820	774,333	722,272	565,411	407,455
長期資金運用－無形固定資産	31,110	-1,070	5,021	-58	14,584
長期資金運用－投資その他の資産（投融資）	267,573	149,502	14,380	22,455	57,695
長期資金調達－減価償却費	999,602	950,157	921,493	890,490	846,173
長期資金調達－資本準備金	1	0	0	0	0
長期資金調達－利益準備金・その他利益剰余金	267,429	179,486	76,788	53,273	111,212
長期資金調達－特定引当金	-84	1,842	732	-1,700	7,569
長期資金調達－長期性引当金	270,237	222,031	260,573	142,959	-42,571
短期資金調達－貸倒引当金	604	1,305	-1,365	7,890	-5,718
長期資金調達－社債・転換社債	-54,150	-371,504	-168,730	298,139	407,270
長期資金調達－長期借入金	-214,153	-398,137	-340,154	-320,479	-313,852

億円の残高として残っている。

　さらに 2010 年になると、設備投資が 4,567 億円に対して減価償却費が 7,024 億円で、2,457 億円の余剰となっている。この余剰分を投融資 1,546 億円に充てても 911 億円ほど余剰となる。この 911 億円の余剰分と利益準備金、その他利益剰余金の内部留保（資金）298 億円の合計 1,209 億円は、社債償還や長期借入金の返済額 2,587 億円の一部に充てられている。

　また短期資金の現金・預金、売上債権、棚卸資産の削減により 2,030 億円の資金が調達側に回されている。これにより短期借入金が 1,075 億円ほど返済されている。

　このように 2000 年以降の規制緩和（電力自由化）の進展の中で設備投資や投融資が減価償却費（内部資金）の範囲で行われている。1995 年 12 月の規制緩和により「競争」意識が高まり、従業員に対する厳しい労務

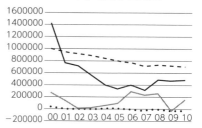

資金運用と資産

―――　長期資金運用－有形固定資産
‥‥‥　長期資金運用－無形固定資産
―――　長期資金運用－投資その他の資産
――――　長期資金調達－減価償却費

2005.3	2006.3	2007.3	2008.3	2009.3	2010.3	2011.3	2012.3	2013.3	2014.3
340,145	392,894	314,430	490,687	475,688	480,981	499,227	588,590	575,048	349,056
10,586	-15,191	-22,803	-9,254	-29,120	-24,233	-20,976	-23,364	-12,061	-17,277
93,562	291,645	234,584	258,568	-33,681	154,659	-140,513	-1,575,497	-885,184	172,130
800,419	772,852	712,941	733,169	716,043	702,468	662,914	651,045	598,196	623,063
0	0	57	55	16	-19	449,071	-22	499,990	-5
165,019	220,247	224,270	-390,096	-251,031	29,812	-1,344,752	-737,323	-695,726	398,293
7,746	-3,236	5,949	-5,003	-3,875	-8,411	6,144	2,384	-8,772	400
72,538	-23,858	42,964	201,711	7,254	-67,099	239,985	1,996,128	-440,486	-347,036
-1,446	-2,425	-532	-497	165	-591	67	620	25	1,942
-173,700	-477,442	-369,140	164,495	241,845	-197,195	-313,975	-747,906	90,864	33,354
-203,924	-263,757	-53,605	126,817	233,443	-61,798	1,813,800	-63,774	-235,949	-133,477

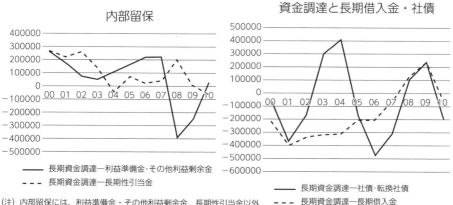

内部留保

資金調達と長期借入金・社債

凡例:
― 長期資金調達ー利益準備金・その他利益剰余金
--- 長期資金調達ー長期性引当金

― 長期資金調達ー社債・転換社債
--- 長期資金調達ー長期借入金

(注) 内部留保には、利益準備金・その他利益剰余金、長期引当金以外
　　　に、資本準備金、旧特定引当金、貸倒引当金を挙げることができる。

　　　ここでは、利益準備金・その他利益剰余金・長期性引当金を挙げている。

　　　　特定引当金は、特別法上の準備金を計上している。

(出所) 日経『日経財務データＤＶＤ版（東京電力）』より作成。なお「有価証券報告書」（東京電力）を参照。

　管理が行なわれた。同時に設備資産の安全規制の緩和（1995年電気事業
法改正による）や老朽化が進んでいた。こうした点から原発の安全性に
対する意識が薄れていたと考えられる。
　この点は電力産業と東京電力では、同じような傾向が見られる。有利
子負債の返済により金利負担の軽減が図られ、また巨額の減価償却費が

総括原価に算入され電気料金収入によって確実に回収される。損益推移を見ても、第一次石油危機（1974 年）、第二次石油危機（1980 年）時期の赤字経営以外には電力会社は利益（黒字）を計上し、巨額の内部留保が蓄積されている。2000 年以降を見ても、電力自由化のもとでヤードスティック方式を導入し経営合理化を進めコストを削減して利益を獲得している。この利益の増加は、利益剰余金の増加となり内部留保として蓄積されるのである。

　2011 年 3 月の東京電力福島原発事故以降をみると、2011 年 3 月期には内部留保の利益準備金、その他利益剰余金が 1 兆 3,447 億円も減少した。このため、銀行からの長期借入金が 1 兆 8,138 億円も増加した。住民への巨額の損害賠償費用などへの支払いが必要となった。また、社債の償還が 3,139 億円も行われた。社債償還は 2012 年 3 月期まで行われたが、翌期には 908 億円の社債が増えている。長期借入金は、2012 年 3 月期に 637 億円、2013 年 3 月期に 2,359 億円、2014 年に 1,334 億円の合計 4,332 億円も返済された。2000 年 3 月期頃の設備投資は、過剰投資の傾向が見られたが、その後設備投資を抑制している。

2　原発事故後の財務構造

□損害賠償交付金

　原発事故後の東京電力の財務構造の変化について東京電力の貸借対照表にもとづき見ていこう（**図表 3-2**）。

　東京電力の貸借対照表では、原発事故後の 2011 年 3 月期から 2012 年 3 月期にかけて、固定資産が 1 兆 4,896 億円も増えている。これは「未収原子力損害賠償支援機構資金交付金」（損害賠償交付金と略）が 1 兆 7,626 億円計上されたからである。損害賠償交付金は、2013 年 3 月期に 8,917 億円、2014 年 3 月期に 1 兆 1,018 億円、2015 年 3 月期に 9,260 億円、2016 年 3 月期に 7,558 億円となっている。また「投資その他の資産」の

なかに使用済燃料再処理等積立金が、2010年3月期に8,244億円、2011年3月期に9,826億円ほど計上されている。この積立金は、「実際に外部の資金管理法人に資金拠出を行ないます。この外部拠出資金は、この積立により資産計上される」[1]。ここでいう資金管理法人は「原子力発電環境整備機構・資金管理センター」（以下、資金管理センターと略）である。原子力発電環境整備機構に各電力会社が拠出金を納付し、この資金が資金管理センターに拠出されたものである。したがって東京電力だけで2011年3月期に9,826億円、2012年3月期に1兆1,259億円に達している。その後、やや減少するが2016年3月期に8,945億円となっている。9電力会社のこの積立金合計（2011年3月期）は、2兆3,574億円である。

□負債の増加

貸借対照表の固定負債（**図表3-2**）のなかには、2011年3月期に社債が4兆4,251億円、長期借入金が3兆2,801億円にのぼっており、社債や長期借入金そして短期借入金などの有利子負債だけで8兆8,613億円が調達されている。とりわけ原発事故による損害賠償費支払のため銀行からの長期借入金が2011年3月期に1兆8,138億円も増加し、原発事故に対応していることが注目される。

さらに「使用済燃料再処理等引当金」が1兆1,928億円ある。この引当金は、「使用済燃料のうち具体的な再処理計画を有する使用済燃料について電気事業者は、その再処理等に要する費用に充てるため、当該年度に発生した使用済燃料数量等に基づき引当金を計上する。そして実際に再処理等の役務提供を受けた時点で取り崩す」、「使用済燃料再処理等準備引当金」は、「使用済燃料のうち具体的な再処理計画を有さない使用済核燃料にかかる再処理等の費用については、この科目の引当金を計上する」[2]という。この引当金は550億円ある。

また従来「廃炉引当金」とも言われていた「原子力発電施設解体引当

図表 3-2　貸借対照表（東京電力、単独ベース）

【資産の部】 (単位；100万円)

決算期	2010.3	2011.3	2012.3	2013.3	2014.3	2015.3	2016.3
固定資産合計	11,855,465	11,530,300	13,019,916	12,099,663	11,979,610	11,607,019	11,129,743
電気事業固定資産	7,871,718	7,673,295	7,440,562	7,379,570	7,220,015	7,221,027	6,922,901
附帯事業固定資産	64,922	60,862	49,206	44,335	39,693	38,065	36,698
事業外固定資産	4,004	5,536	6,965	4,547	1,636	1,442	1,630
固定資産仮勘定	650,936	700,280	882,115	953,304	851,162	714,570	783,116
核燃料	903,507	870,450	845,754	807,639	785,606	783,244	751,682
投資その他の資産	2,360,376	2,219,874	3,795,309	2,910,265	3,081,496	2,848,668	2,633,713
長期投資	484,304	450,831	126,246	117,711	104,649	100,373	96,285
関係会社長期投資	550,624	695,753	683,400	643,527	651,444	646,937	644,110
使用済燃料再処理等積立金	824,403	982,696	1,125,997	1,070,846	1,016,916	961,910	894,547
未収原子力損害賠償支援機構資金交付金	—	—	1,762,671	891,779	1,101,844	926,079	755,861
その他	501,044	90,593	96,994	186,401	206,642	213,367	242,910
流動資産合計	787,568	2,725,658	2,129,346	2,520,109	2,390,232	2,120,590	2,059,871
現金・預金	77,170	2,134,396	1,202,251	1,583,620	1,444,343	1,158,521	1,208,462
売掛金	322,957	336,300	407,839	455,160	499,044	513,804	461,341
その他の流動資産	387,441	254,962	519,256	481,329	446,845	448,265	390,068
資産の部合計	12,643,034	14,255,958	15,149,263	14,619,772	14,369,843	13,727,610	13,189,615

【負債の部】　　　　　　　　　　　　　　　　　　　　　　　　　　（単位；100万円）

決算期	2010.3	2011.3	2012.3	2013.3	2014.3	2015.3	2016.3
固定負債合計	8,549,809	11,088,715	12,275,779	11,694,707	11,163,068	10,028,025	8,521,224
社債	4,739,125	4,425,150	3,677,244	3,768,108	3,801,462	3,463,009	2,913,815
長期借入金	1,466,351	3,280,151	3,216,377	2,980,428	2,846,951	2,578,712	1,895,192
長期未払債務	22,980	20,922	18,799	16,692	14,546	14,381	47,111
リース債務	816	1,058	747	488	841	660	551
関係会社長期債務	28,813	38,813	28,894	15,329	23,847	21,899	13,791
退職給付引当金	379,467	391,316	393,846	388,355	396,212	393,682	356,550
使用済燃料再処理等引当金	1,210,060	1,192,856	1,162,777	1,108,592	1,054,480	995,792	923,725
使用済燃料再処理等準備引当金	36,312	55,093	58,461	60,799	67,945	70,663	73,489
原子力発電施設解体引当金	510,010	—	—	—	—	—	—
災害損失引当金	92,813	829,382	786,293	700,829	594,977	519,850	474,726
原子力損害賠償引当金	—	—	—	—	1,563,639	1,061,572	837,882
資産除去債務	—	785,007	799,958	823,046	708,921	734,259	761,653
雑固定負債	63,056	68,962	68,980	66,319	89,241	173,541	222,734
流動負債	1,927,550	1,891,252	2,332,451	2,088,536	1,971,582	2,035,947	2,861,783
1年以内に期限到来の固定負債	719,149	752,082	919,919	1,114,117	937,842	772,094	1,331,763
短期借入金	358,000	404,000	440,250	9,500	8,450	187,500	491,495
コマーシャル・ペーパー	65,000	—	—	—	—	—	—
買掛金	263,107	233,920	304,076	319,800	336,673	290,510	230,838
その他の流動負債	522,294	501,250	668,206	645,119	688,617	785,843	807,687
特別法上の引当金	5,024	11,168	13,552	4,780	5,180	5,692	6,103
負債合計	10,482,383	12,991,136	14,621,783	13,788,023	13,139,830	12,069,664	11,389,110

【純資産の部】

決算期	2010.3	2011.3	2012.3	2013.3	2014.3	2015.3	2016.3
株主資本	2,176,870	1,286,240	527,799	833,413	1,232,289	1,659,282	1,802,889
資本金	676,434	900,975	900,975	1,400,975	1,400,975	1,400,975	1,400,975
資本剰余金	19,123	243,653	243,631	743,621	743,616	743,608	743,606
利益剰余金	1,488,739	149,185	▲609,237	▲1,303,618	▲904,713	▲477,699	▲334,062
利益準備金	169,108	169,108	169,108	169,108	169,108	169,108	169,108
その他利益剰余金	1,319,631	▲19,923	▲778,346	▲1,472,727	▲1,073,821	▲646,808	▲503,170
自己株式	▲7,427	▲7,573	▲7,569	▲7,565	▲7,589	▲7,601	▲7,629
評価・換算差額等	▲16,220	▲21,418	▲319	▲1,664	▲2,276	▲1,337	▲2,385
純資産合計	2,160,650	1,264,822	527,479	831,749	1,230,012	1,657,945	1,800,504
合計	12,643,034	14,255,958	15,149,263	14,619,772	14,369,843	13,727,610	13,189,615

（出所）有価証券報告書（東京電力）より作成。

金」は、2010 年 3 月期に 5,100 億円にのぼっているが、これは総見積額 × 90％×（累積発電電力量／想定総発電電力量）によって計算されている。原子力発電施設解体引当金は、2011 年 3 月期には「資産除去債務」の科目に引き継がれている。この債務は 2011 年 3 月期には 7,850 億円計上されている。原子力発電所を廃炉にする場合に、この引当金が取り崩される。

災害損失引当金は、「新潟県中越沖地震により被災した資産の復旧等に要する費用または損失に備えるため、当事業年度末における見積額を計上している」[3]。東京電力の災害損失引当金は、2011 年 3 月期に、8,293 億円が計上されている。その後、やや減少しているが、2016 年 3 月期には、4,747 億円計上されている。災害損失は特別損失として計上されるが、今回の東日本大震災による「工場や在庫の破損そして不動産の売却など一時的な要因で発生する損失」（日本公認会計士協会）である。この引当金に含まれる主な費用、損失は「原子炉等の冷却や放射性物質の飛散防止等の安全性の確保等に要する費用又は損失」である。

□内部留保の減少

純資産の「利益準備金」「その他利益剰余金」として 2010 年 3 月期に 1 兆 4,887 億円が内部留保されていたが、11 年 3 月期に廃炉に関する特別損失の計上により繰越利益剰余金がマイナス 1 兆 964 億円となった。このために内部留保の利益剰余金は 1,491 億円に減少した。

以上の結果、純資産は、2010 年 3 月期の 2 兆 1,606 億円から 2011 年 3 月期の 1 兆 2,648 億円へと約 8,958 億円の減少となった。これは、2011 年 3 月の原子力発電事故に伴って災害特別損失 1 兆 175 億円が発生したため、当期純損失が 1 兆 2,585 億円となった。さらに廃炉費用が今後どの程度計上されるのか公開されていない。この廃炉費用は東京電力が負担することになっている。「原子燃料サイクルは、使用済燃料の再処理、放射性廃棄物の処分、原子力発電施設等の解体等に多額の資産と長期に

わたる事業期間が必要になるなど不確実性を伴う」[4]と記されている。ここでの損害賠償費や核燃料再処理や廃炉問題が東京電力の今後の方向に大きな影響を与えることになる。2012年3月期になると原子力損害賠償支援機構資金交付金を特別利益として2兆4,262億円を計上し、他方、原子力損害賠償費を特別損失として2兆5,249億円を計上することによって、会計処理上は特別損失を987億円多く計上するだけである。特別損失分を交付金でカバーしているからである。

□損益計算─廃炉費用はやがて電気料金へ

つぎに単独ベースの損益計算書（東京電力、**図表3-3**）を見ると、原発事故前の2010年3月期の営業収益（売上高）4兆8,044億円から2011年3月期5兆1,463億円へと増加している。さらに2012年5兆1,077億円から2015年3月期の6兆6,337億円へ増加している。原発事故後、営業収益は増加しており、2010年から2015年にかけて38.1％も上昇している。この上昇は、**図表3-3**損益計算書で見るように、2010年と2015年を比べると電灯料が26.5％、電力料も38％も上昇しているが、これ以上に他社販売電力料が295.4％、託送料金が116.6％も高くなっている。つまり、電気料金値上げや他社販売電力料そして託送料金設定を高くして収益を伸ばしていることがわかる。

営業費用を見ると2010年3月期と2015年3月期を比較すると、39.5％上昇している。汽力発電費（火力発電）が2010年3月期から2015年3月期にかけて1.4兆円から2.9兆円へと107.1％も上昇している。逆に送電費、変電費、販売費は2010年と2015年とを比べると7.0％、17.3％、23.7％ほど減少している。東日本大震災のあった2011年3月期には経常利益を2,710億円計上している。そこから災害特別損失が1兆175億円計上されたために当期純損失が1兆2,585億円と赤字になった。この災害特別損失は、「福島第一原発1〜4号機廃止」の見積費用である。この廃炉費用は、今後とも巨額に発生する。電力会社の場合、電気料金

図表 3-3　損益計算書（東京電力、単独ベース）

(単位；100 万円)

決算期	2010.3	2011.3	2012.3	2013.3	2014.3	2015.3	2016.3
営業収益	4,804,469	5,146,318	5,107,778	5,769,462	6,449,896	6,633,706	5,896,978
電気事業営業収益	4,733,288	5,064,625	4,995,625	5,600,091	6,315,568	6,497,627	5,791,368
電灯料	2,008,615	2,167,837	2,133,427	2,335,119	2,538,247	2,541,583	2,295,394
電力料	2,495,963	2,628,719	2,620,636	3,040,363	3,381,454	3,466,257	2,941,705
地帯間販売電力料	114,661	141,368	107,207	115,730	133,452	144,114	122,640
他社販売電力料	21,585	21,112	32,838	33,961	71,127	85,348	59,589
託送収益	33,448	44,428	46,012	48,734	61,108	72,440	98,612
その他営業収益	59,012	61,157	55,503	86,180	130,177	187,883	273,428
附帯事業営業収益	71,181	81,692	112,152	109,370	134,327	136,078	105,610
営業費用	4,554,505	4,789,659	5,426,954	6,034,976	6,297,912	6,354,796	5,556,234
電気事業営業費用	4,487,580	4,710,469	5,319,364	5,929,729	6,168,860	6,233,725	5,469,764
水力発電費	86,556	89,768	78,721	79,470	72,623	75,598	79,210
汽力発電費	1,462,496	1,712,202	2,509,474	2,988,367	3,201,783	2,951,513	2,006,712
原子力発電費	492,318	518,629	428,745	429,682	469,946	548,661	606,312
内燃力発電費	7,200	7,546	75,871	87,160	31,617	15,190	10,472
新エネルギー等発電費	396	604	867	1,376	1,185	1,152	1,720
地帯間購入電力料	199,595	201,238	176,805	168,761	223,578	203,782	189,988
他社購入電力料	522,888	502,345	604,089	696,576	721,827	799,658	787,073
送電費	356,442	350,882	333,083	329,155	302,372	331,463	324,840
変電費	159,610	161,927	142,533	142,467	143,432	132,041	169,602
配電費	476,594	480,272	425,286	449,826	396,823	490,624	418,522
販売費	188,938	189,280	149,563	139,460	132,757	144,238	155,918
貸付設備費	3,388	3,215	2,862	1,030	748	721	749
一般管理費	369,880	321,348	232,001	217,539	214,234	202,320	226,450
電源開発促進税	108,879	114,834	104,933	105,511	105,766	103,294	101,802
事業税	52,596	56,497	54,697	61,947	68,652	69,382	59,385
電力費振替勘定（貸方）	▲ 202	▲ 122	▲ 173	▲ 875	▲ 694	▲ 124	▲ 237
再エネ特措法納付金	—	—	—	—	82,203	164,206	331,239
附帯事業営業費用	66,925	79,189	107,590	105,247	129,051	121,071	86,469

右ページにつづく

（単位：100万円）

決算期	2010.3	2011.3	2012.3	2013.3	2014.3	2015.3	2016.3
営業利益	249,964	356,658	▲ 319,176	▲ 265,513	151,984	278,910	340,744
営業外収益	48,232	57,215	76,572	49,052	40,149	43,771	102,211
営業外費用	139,585	142,808	165,755	161,212	148,900	155,319	115,452
当期経常収益合計	4,852,702	5,203,534	5,184,351	5,818,515	6,490,045	6,677,477	5,999,190
当期経常費用合計	4,694,091	4,932,467	5,592,710	6,196,188	6,446,812	6,510,115	5,671,686
経常利益（▲経常損失）	158,611	271,066	▲ 408,359	▲ 377,673	43,233	167,362	327,503
渇水準備金引当又は取崩	▲ 8,411	3,860	980	▲ 9,865	—	—	—
原子力発電工事償却準備金引当又は取崩し	—	2,284	1,402	1,093	399	511	411
特別利益	—	—	2,517,462	892,369	1,818,379	883,655	760,819
・原子力損害賠償支援機構資金交付金	—	—	2,426,271	696,808	1,665,765	868,535	699,767
・固定資産売却益	—	—	41,176	79,396	101,982	15,120	61,051
・有価証券売却益	—	—	50,014	42,532	18,591	—	—
・その他	—	—	—	73,633	32,039	—	—
特別損失	—	1,074,205	2,865,142	1,217,784	1,462,243	616,258	911,519
・災害特別損失	—	1,017,538	297,499	40,231	26,749	—	—
・原子力損害賠償費	—	—	2,524,930	1,161,970	1,395,643	595,940	678,661
・その他	—	56,667	42,712	15,582	39,849	20,318	232,857
税引前当期純利益（▲当期純損失）	167,023	▲ 809,284	▲ 758,423	▲ 694,316	398,970	434,247	176,391
法人税等合計	64,711	449,268	0	64	65	7,233	32,754
当期純利益（▲当期純損失）	102,311	▲ 1,258,552	▲ 758,423	▲ 694,380	398,905	427,013	143,637

（出所）有価証券報告書（東京電力）より作成。

決定では総括原価のなかに事業報酬（利益）も含まれる。原子力発電の長期停止による燃料費増加分も含めると電気料金の大幅値上げの要因となる。規制部門の電気料金は、基本は総括原価計算で行なわれる。その中には減価償却費や人件費そして利子、事業報酬に加えて電源開発促進税などが含まれる。民間企業では、利益にあたる事業報酬が総括原価の中に含まれて電気料金が決定されているので、電力会社の報酬（利益）が予め補償されている。また、原発設置の地方自治体の地域振興などに充てられる交付金の財源は、各電力会社が「電源開発促進税」として国に納めたものである。この税金も、総括原価の中に含められている。さらに、総括原価の中に復興費等の名目で損害賠償分を電気料金に含め値上げして国民から徴収する。電力料や他社販売電力料そして託送料金の設定を高くして収益を伸ばし、LNG による火力燃料費増加のための電気料金の値上げによって営業収益を伸ばしている。

3　東京電力の原発損害補償の枠組と財源問題

□東電「存続」で責任はあいまいに

福島第一原子力発電所の大事故による被害者への損害賠償を行なうために 2011 年 8 月 10 日に参議院本会議で「原子力損害賠償支援機構法」（法律第 94 号）が成立した。この法律の主旨は、電力会社による相互扶助の考えにもとづき、原子力損害賠償の支払に対応するために定めたものである。文部科学省の「東電原子力損害賠償紛争審査会」は、2011 年 4 月 28 日に東京電力福島第一原発の事故をめぐる損害賠償の対象や範囲を定めた第 1 次指針を決定した。その範囲とは、健康被害と農水産物の出荷制限による損害である。

この法律の制定により「原子力損害賠償支援機構」（「原賠支援機構」と略）を設立した。この原賠支援機構の設立により東京電力の資産査定や経費削減を精査するために 2011 年 10 月 3 日に「東京電力に関する経

営・財務調査委員会　報告」（以下、報告書と略）のまとめをした。この
報告書では「10年間で2兆5,455億円」を超えるコスト削減を達成する
という。東京電力は「公的管理」下で「利益」から特別負担金を国に長
期返済することとなった。

　この「原子力損害賠償支援機構法」では、東電存続が前提となってい
る。「東電存続案は、金融機関や株主、経済産業省が原発推進を支えた
責任までもあいまいにする一方、そのツケは電気料金の大幅値上げとい
う形で国民に回されかねない」[5]。このように「原賠支援機構」は、国、
取引銀行などが出資し、東電を存続させることが前提となり、原発事故
の責任をあいまいにすると考えられる。

　政府の第3者委員会は売却資産を特定し、高コスト構造の改善策を
2011年9月中に報告書としてまとめた。また原子力発電環境整備機構・
資金管理センター（東京）は、放射性廃棄物の再処理のために2011年3
月期の電力9社合計で2兆3,574億円を積み立てている。他の原子力関
連法人も、積立金や資産を出すことにより国民負担を少しでも減らせる。
ともあれ、東京電力独自の年間の返済負担には「経常利益から設備投資
資金などを差し引いた額」など、事実上の上限が設けられるため、やり
繰りできるか不透明である。経常利益から設備投資を引けば、資金不足
になるが、減価償却費（内部資金）が、設備投資を上回っている。また、
経常利益を得るために電気料金値上げを考えている。

　原子力損害賠償支援のため「原賠支援機構」への電力会社の原発補償
の負担金は、各社の電力量に基づいて徴収する。東京電力は、負担金と
は別に「原賠支援機構」から受けた援助金を返済する必要がある。発電
量と売上高は比例し、東京電力の規模は9電力全体の3分の1を占める。
仮に売上高の2%程度の負担とすると、9電力合計の年間負担は約3,000
億円、このうち東京電力は約1,000億円の負担となる。また「原賠支援
機構」から受けた援助金の返済も続ける[6]。

　このように原子力発電事故による損害賠償額は「原賠支援機構」を設

けて損害賠償をすることとなった。この損害賠償は原発事故の被害を受け、避難を余儀なくされている住民や中小企業者等が、当面の生活資金を必要とし、東電の巨額の賠償金が必要となっていたからである。

東京電力と国の「原賠支援機構」がめざす「緊急特別事業計画」（2011年10月28日）の概要を見よう。東京電力は震災直後に大手3行から緊急融資を約2兆円受けて運転資金に充当された。

原子力発電事故による損害賠償のために資産売却が考えられている。2011年度の東京電力の資産売却計画を見ると、有価証券売却額が3,004億円、不動産売却により約152億円である。関係会社売却328億円である。これらの総額は、3,484億円である。2011年度から3年間の売却予定額は、有価証券が3,301億円、関係会社事業が1,301億円、不動産が2,472億円で、総額7,074億円である。人件費削減（2011年度削減614億円）では、退職者の確定給付企業年金の給付利率の引下げ（現役1.5％、受給権者2.25％以下）、グループ全体で約7,400人、単体で約3,600人の人員削減が計画されている。損害賠償資金は、「原賠支援機構」が1兆円規模の公的資金を注入し充当する。また廃炉などの事故収束に向けた費用は東京電力が捻出する。

火力発電所の燃料費負担が8,000億円超も必要となり、日本政策投資銀行により2,000〜3,000億円のつなぎ融資を受ける。こうした巨額損害賠償資金が国から東京電力へ注入されると、東京電力は実質的に「国有企業」として運営されることになる。また、電気料金の値上げが中小企業者に対して行われるし、国民負担の電灯料金値上げが行われた。除染や廃炉費用の検証や人件費圧縮の工程表も「総合特別事業計画」（2012年春作成）の中に含まれている[7]。

4　東京電力の「実質国有化」

□年間１兆円の国費を投入

　東京電力の**図表 3-4** の連結貸借対照表（2014 年 3 月期）を見ると、資産は前年度に比べて 1,880 億円減少し 14 兆 8,011 億円となっている。これは電気事業固定資産が前年度に比べて 1,560 億円減少し、現金・預金が 999 億円減少したことによる。逆に政府系交付金である未収原子力損害賠償支援機構資金交付金が 2,100 億円も増加し、1 兆 1,018 億円になっている。

図表 3-4　連結貸借対照表（東京電力、2014 年 3 月期）　　　　（単位；億円）

固定資産	121,332	固定負債	112,796
・電気事業固定資産	71,642	・社債	38,014
水力発電設備	6,042	・長期借入金	28,808
気力発電設備	11,308	・使用済燃料再処理等引当金	10,544
原子力発電設備	5,920	・使用済燃料再処理等準備引当金	679
送電設備	18,683	・災害損失引当金	5,961
変電設備	7,449	・原子力損害賠償引当金	15,636
配電設備	20,682	・退職給付に係る負債	4,490
業務設備	1,269	・資産除去債務	7,142
その他	286	・その他	1,517
・その他の固定資産	2,598		
・固定資産仮勘定	9,129	流動負債	19,388
・核燃料	7,852	特別法上の引当金	51
・投資その他の資産	30,109		
長期投資	1,455		
使用済燃料再処理等積立金	10,169	負債合計	132,236
未収原子力損害賠償支援機構資金交付金	11,018		
退職給付に係る資産	802	株主資本	16,021
その他	6,677	資本金	14,009
貸倒引当金	▲ 13	資本剰余金	7,436
		利益剰余金	▲ 5,340
流動資産	26,678		
現金・預金	16,550		
受取手形及び売掛金	5,282		
棚卸資産	2,397	純資産合計	15,774
その他	2,495		
貸倒引当金	▲ 47		
合　計	148,011	合　計	148,011

（出所）有価証券報告書（東京電力）2014 年 3 月期より作成。

負債は前年度に比べ 6,276 億円も減少し、13 兆 2,236 億円である。これは有利子負債が 2,862 億円減少して 7 兆 6,451 億円となり、また原子力損害賠償引当金も前年度に比べ 2,020 億円減少し 1 兆 5,636 億円となっている。資産除去債務も 1,123 億円減少し 7,142 億円になったことなどによる。

□電気料金値上げで純利益が 4,386 億円

　株主資本（自己資本）を見ると、前年度に比べ 4,386 億円増えて 1 兆 6,021 億円となっている。資本金は前年度と同じ 1 兆 4,009 億円で変化していない。利益剰余金は、4,386 億円も増えているが、これは、当期純利益が 4,386 億円生じたことによる。2013 年 3 月期は、純損失 6,852 億円であったが、2014 年 3 月期には、主として電気料金の値上げによって営業収益が増大したためである。このため利益剰余金は、2013 年 3 月期のマイナス 9,727 億円から 2014 年 3 月期のマイナス 5,340 億円に減少したのである。このマイナス利益剰余金は、福島第一原子力発電事故に伴う損害賠償費や廃炉・除染などの巨額の損失によるものである。

□資本金の 55％を政府系の「原賠支援機構」が拠出

　また東京電力は、資本金 1 兆 4,009 億円で、他の大企業と比べても巨額になっている。これは東京電力が 2012 年 7 月に、原賠支援機構に対して A 種優先株式（株主総会での議決権の外、B 種優先株式及び普通株式を対価とする取得請求権が付与されている株式のこと）と B 種優先株（株主総会での議決権が付与されていないが、A 種優先株式及び普通株を対価とする取得請求権が付与されている株式のこと）を発行し、「原賠支援機構」はこの引受けにより総議決権の 2 分の 1 超を保有することとなった。「原賠支援機構」は 2014 年 3 月末に発行済株式の 54.69％の割合（A 種優先株、B 種優先株）で所有している（**図表 3-5**）。このため東京電力は、政府系の「原賠支援機構」により所有されている。

図表 3-5　発行済株式数（2014 年 3 月期）

種類	数	比率
普通株式	16 億 701 万 7,531 株	45.30%
A 種優先株	16 億株	45.10%
B 種優先株	3 億 4,000 万株	9.58%
計	35 億 4,701 万 7,531 株	100%

（出所）有価証券報告書（東京電力）2014 年 3 月期 38 ページより作成。

図表 3-6　東京電力の長期借入金及び社債（2014 年 3 月期）　　　（単位；億円）

項目	1 年以内	1 年超 2 年以内	2 年超 3 年以内	3 年超 4 年以内	4 年超 5 年以内	5 年超	計
社債	4,464	4,381	5,669	12,998	7,300	7,665	42,478
長期借入金	4,905	3,205	7,297	2,291	4,116	11,897	33,714

（出所）有価証券報告書（東京電力）2014 年 3 月期より作成。

　東京電力は、このように「原賠支援機構」の資本投入により純資産が多い。またメインバンクの三井住友銀行、みずほ銀行、日本政策投資銀行、三菱東京 UFJ 銀行、三井住友信託銀行、日本生命保険、第一生命保険、明治安田生命保険、住友生命保険などの金融機関からの長期借入金が、3 兆 3,714 億円（2014 年 3 月期）ある。東京電力への融資額は、2014 年 3 月末には 5 年超の長期借入金だけでも 1 兆 1,897 億円もある（**図表 3-6**）。銀行の融資の条件として東京電力が、経常黒字にすることを掲げている。そのために人員削減や原子力発電の再稼働が黒字達成の前提となるという。金融機関は、これまで東日本大震災直後の 2011 年 3 月に東京電力に融資する際に「国の損害賠償責任」を見た上で 2 兆円の融資をしている。

　図表 3-7 を見ると、2013 年から 2014 年にかけて 6,852 億円の赤字から 4,386 億円の黒字に転換している。

　これは、料金値上げなどによる営業収益が 5 兆 9,762 億円から 6 兆 6,314 億円へと 6,652 億円増加したこと、原賠支援機構交付金による特別利益が 9,689 億円も増加したことによる。

図表 3-7　連結損益計算書（東京電力、2014 年 3 月期）　　　（単位；億円）

決算期	2013.3	2014.3
営業収益	59,762	66,314
営業費用	61,982	64,400
営業利益	▲ 2,219	1,913
営業外収益	615	634
（受取配当金）	55	98
（受取利息）	185	181
営業外費用	1,665	1,533
（支払利息）	1,200	1,133
経常利益	▲ 3,269	1,014
特別利益	9,139	18,237
（原子力損害賠償支援機構資金交付金）	6,968	16,657
（固定資産売却益）	1,152	1,111
（関係会社株式売却益）	246	140
（災害損失引当金戻入額）	（―）	320
特別損失	12,488	14,622
（災害特別損失）	402	267
（原子力損害賠償費）	11,619	13,956
（福島第一 5・6 号機廃止損失）	（―）	398
税金等調整前当期純利益	▲ 6,530	4,625
法人税等	263	197
当期純利益	▲ 6,852	4,386

（出所）図表 3-6 に同じ。

図表 3-8　災害損失引当金残高の内訳　　　（単位；100 万円）

決算期	2013.3	2014.3
①新潟県中越沖地震による損失	26,384	24,410
②東日本大震災による損失	675,616	571,735
ⓐ福島第一原子力発電所の事故の収束・廃止による損失	482,879	439,964
ⓑ福島第一原子力発電所 1～4 号機の廃止費用又は損失のうち加工中等核燃料の処理費用	4,837	5,031
ⓒ福島第二原発の原子炉の安全な冷温停止状態を維持する費用又は損失	173,659	120,681
ⓓ火力発電所の復旧に要する費用又は損失	9,798	4,527
ⓔその他	4,440	1,530
合　計　　　①＋②	702,000	596,145

（出所）図表 3-7 に同じ。

図表 3-9　東京電力の原子力損害賠償費及び原子力損害賠償支援機構資金交付金の状況（連結ベース）

	2012 年 4 月 – 2013 年 3 月		2013 年 4 月 – 2014 年 3 月	
原子力損害賠償費	賠償見積額	3,806,900 百万円	賠償見積額	5,202,544 百万円
	（−）補償金受入額	120,000 百万円	（−）原子力賠償補償金受入	120,000 百万円
	補償金受入控除後金額	3,686,900 百万円	補償金受入控除後金額	5,082,544 百万円
	（−）前会計年度見積額	2,524,930 百万円	（−）前会計年度見積額	3,686,901 百万円
		1,161,970 百万円		1,395,643 百万円
		（原子力損害賠償費）		（原子力損害賠償費）
構資金交付金・原子力損害賠償支援機	要賠償額の見通し額	3,243,079 百万円	要賠償額の見通し額	4,908,844 百万円
	（−）補償金受入額	120,000 百万円	（−）補助金受入額	120,000 百万円
	補償金受入控除後金額	3,123,079 百万円	補償金受入控除後金額	4,788,844 百万円
	（−）損害賠償資金交付額	2,426,271 百万円	（−）損害賠償資金申請金額	3,123,079 百万円
		696,808 百万円		1,665,765 百万円
		（原子力損害賠償支援機構資金交付金）		（原子力損害賠償・廃炉等支援機構資金交付金）

（出所）図表 3-8 に同じ

　つぎに東京電力の 2014 年 3 月期の災害損失引当金残高の内訳（**図表3-8**）を見ると、①新潟県中越地震による損失 244 億円と東日本大震災による損失 5,717 億円の合計 5,961 億円である。

　東日本大震災における福島第一原子力発電所の事故の収束・廃止による損失は 4,399 億円である。また原子炉の安全な冷温停止状態を維持する費用又は損失は 1,206 億円となっている。

□東電には交付金の返済義務がある

　原子力損害賠償費は、**図表 3-9** によると、福島原子力発電事故に関する損害賠償に要する費用である。2013 年度の原子力損害賠償費は、避難等対象者の避難費用や精神的損害、自主的避難等に係る損害、避難指示等による就労不能に伴う損害や営業損害、農林漁業における出荷制限等に伴う損害、風評被害及び一部を除く財物価値の喪失または減少等の賠償見積額 5 兆 2,025 億 4,400 万円から「原子力賠償補償金受入額」1,200 億円を控除した金額 5 兆 825 億 4,400 万円と前連結会計年度の見

積額との差額1兆3,956億4,300万円を原子力損害賠償費に計上している。このように原子力損害賠償費は、2014年3月期に1兆3,956億円で巨額である。2015年3月期に5,959億円に半減している。また「原子力損害賠償・廃炉等支援機構資金交付金」は、2014年3月期に1兆6,675億6,500万円、2015年3月期に8,685億3,500万円へと半減している。連結損益計算書の特別利益に計上している[8]。この交付金は特別利益として計上されているが、東京電力は、あとで交付金額の返済を義務付けられているので特別利益として計上することに疑問が残る。

(注)
(1) 有価証券報告書（東京電力）、2010年3月期。
(2) 有価証券報告書（東京電力）、2011年3月期。
(3) 有価証券報告書（東京電力）、2011年3月期。
(4) 有価証券報告書（第2四半期報告書）、2011年9月期。
(5) 中日新聞2011年4月30日。
(6) 日本経済新聞、2011年5月4日。
(7) 有価証券報告書（2011年度第四半期報告書）東京電力。
(8) 原子力損害賠償支援機構法は、2014年5月に「原子力損害賠償・廃炉等支援機構法」に改定された。2013年度の原子力損害賠償・廃炉等支援機構資金交付金および原子力損害賠償費に関しては、有価証券報告書（東京電力）2015年3月期に基づいている。

第4章

損害賠償・除染・廃炉による
東電の財政状態

　東京電力と原子力損害賠償支援機構は、2013年6月に「総合特別事業計画」（変更認定申請）を経済産業省資源エネルギー庁に申請し、同年6月25日に認定されている。ここでは、これらの資料を基にして東京電力（以下、東電と略）の損害賠償・除染・中間貯蔵施設・廃炉の諸費用負担（**図表4-1**）と東電の財政状態に関して見ていこう。

1　損害賠償費用の負担

□5兆円を超える損害賠償

　東電の福島原発事故による損害賠償費用について「総合特別事業計画」により見ていこう。

　2013年6月には「賠償見積額を見直した結果、要賠償額の見通しは3兆9,093億3,400万円となった。なお、中間指針や、東電の賠償基準に示されている損害項目の中には、依然として今回の事故との相当因果関係のある範囲が明確にならないなど、現時点では合理的な見積もりが難しく、当該算定の対象となっていないものもある。これらの損害項目に

図表 4-1　福島第 1 原発事故処理における資金の流れ

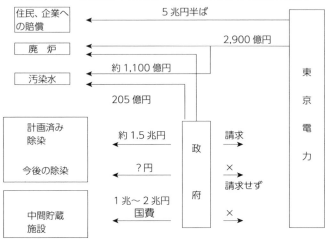

（注）　1　除染の分担は政府・与党で調整する。
　　　　2　2014 年度予算の概算要求を含む。
（出所）「日本経済新聞」2013 年 10 月 30 日及び 12 月 14 日にもとづき筆者作成

関する更なる状況把握の進展や、被害者の方々との合意等によって個別
具体的な損害賠償額が明らかになり、現時点では合理的に見積れない損
害賠償額が明らかになるなどの状況変化が生じた場合には、迅速な損害
賠償に万が一にも支障が生じることのないよう、引き続き、必要に応じ
て特別事業計画の要賠償額の見通しについて変更申請を行うこととす
る」[1] と述べている。これは状況に応じて損害賠償額の見通しを変更す
るあいまいな計画であった。

　原子力規制委員会は、2013 年 11 月 20 日に東京電力福島第一原子力
発電所（原発と略）事故で避難した住民の帰還に向け、個人ごとの放射
線量の実測値を安全性の目安とすることを正式決定した。これまで基準
としてきた空間線量は実際に浴びた放射線量より「過大な推計値」で、
今後はより正確性の高い個人線量を使うという。同じ放射線量でも数値
は最大で 7 分の 1 程度に下がる見通しで、事実上の基準緩和となる。

　この基準緩和措置は、住民の健康面で安全であろうか。これを受けて政府は、2014年春に一部地域で避難指示の解除を目指したが、そのための措置ではないだろうかとの疑問が残る。

　東電の住民や企業への賠償費用は最終的に5兆円台半ばといわれる。東電と他の電力会社が損害賠償費用を負担し、国は融資する見通しである（**図表4-1**）。原子力損害賠償費は、原子力損害賠償支援機構（原賠支援機構）資金交付金によって補填されている。

2　除染費用と中間貯蔵施設費用の負担

□将来の株式売却益にたよる

　旅射能の除染費用は、約2ないし3兆円かかるといわれるが、実際にはいくらになるか、まだおおよその数値であろう。計画済み除染費用は約2.5兆円程度を東電が負担する。追加の除染費用や住民の帰還の支援費用は、国が復興財源で負担する。今後の除染費用は未定である。国は、追加の除染や中間貯蔵施設の費用の一部を負担する。その財源は、国が保有する東電株の株式売却益や税金（電源開発促進税）をあてる。東電が2013年末に改訂する「総合特別事業計画（再建計画）」に盛り込むことにしている。

　原発事故処理では、損害賠償、廃炉、汚染水、除染、中間貯蔵施設の費用がかかる。これらを東電の全額負担にすると、除染が進まず、福島の復興が遅れるという。このため政府・与党は国費を投入する方針に転じた。この方針はつぎのとおりである。

「・原賠支援機構が保有する1兆円の株式を売却して得た利益は、計画済み除染費用に優先的にあてる。
　・東電株の売却は2010年代のうちに始め2030年代に終える計画である。

政府の試算では、1株900円で売れると2兆円の売却益が出て、東電の除染負担はなくなる。仮に除染費用を上回る売却益が出れば、中間貯蔵施設の費用にあてる。

・さらに中間貯蔵施設の費用は、電気料金にかける電源開発促進税を投入する。まず14年度に300億円〜400億円をあてる。20〜30年程度にわたり少しずつ払う。電気料金の上昇に配慮し、電源開発促進税は増税しない。」[2]

　しかし除染費用や中間貯蔵施設の建設費用は、まだ確定的なものではないので、さらに増大する可能性がある。また「原賠支援機構」が保有する株式の売却も一株900円で売れるとは限らない。

　また放射性物質で汚れた土を剝ぎ取る除染では東電の子会社や東電OBが役員を務めるファミリー企業が下請けとして参入していたことが問題とされている[3]。

　また放射性廃棄物をためておく中間貯蔵施設の建設に必要な費用は約1兆円である。この費用には電源開発促進税を投入する。この税金を投入するので電気料金の値上げとなる可能性が出てくる。

3　原発の廃炉費用
——廃炉による特別損失で債務超過になるか

□廃炉にかかるカネと時間は未定

　廃炉とは運転を停止した原発を解体し、撤去することをいう。建物から放射能を取り除くのに要する時間は少くとも30〜40年といわれる。福島原発事故の場合、建物内で溶け出した核燃料の一部が外部にもれて「汚染水」になっている。東電は、福島第一原発の廃炉のために約9,500億円を確保済みで追加で1兆円を捻出する。政府も廃炉の技術開発などに800億円超の国費を投入している。

　原発の運転寿命は約40年であるが、福島第一原発の事故後、日本では廃炉を完了した商業用原発はまだない。廃炉に関しては1998年に運転終了した日本原子力発電の東海原発1号機（茨城県）の廃炉が古く、2020年度に廃炉の完了を予定している。

□廃炉資金の積み立てを怠った電力各社

　廃炉による損失処理は従来、廃炉を決めた時点で廃炉費用の積立不足をすぐに全額、特別損失として計上する必要があった。東電では2012年度末に5、6号機ですくなくとも267億円の積立不足があった。

　しかし経済産業省が2013年10月に廃炉の会計規則を見直したことによって状況が変わった。廃炉に伴う損失を複数年度に分けて処理する。一部を電気料金に転稼できるようになった。稼働を始めてから40年に満たない原発の廃炉費用を10年間に分割して計上できる。

　経済産業省は2013年10月に廃炉に関する新たな会計制度を省令で施行する。第5章2で詳細に見るようにこの検討は、2013年6月25日の「経済産業省総合エネルギー調査会廃炉に係る会計制度検証ワーキンググループ」で開始された。積立期間を原則50年とし、稼働から40年未満の原発は、廃炉を決めた後も10年間積立を続けられるとした。廃炉が決まった原発を資産として減価償却して総括原価に入れて、電気料金によって、その一部を回収する。

　2011年度末までに国内の電力会社が積み立てている廃炉のための準備金は1兆5,600億円にとどまる。廃炉の積み立て不足は深刻で、廃炉が重なれば電力会社の経営を圧迫することになる。

　日本では通常の原発では解体作業と解体による放射性廃棄物の処分費用は一基あたり約600億円ほどである。

　ちなみに米国では、11基の廃炉の作業が終了している。米原子力規制委員会（NRC）は、1基あたりの廃炉費用は3億〜4億ドル（約300億〜400億円）であるという。このことは原発の解体法や土地の費用など

で比べにくい面もあるが、廃炉費用は日本の半分前後と安い[4]と言われている。廃炉作業に及んでも見え隠れする「原子力利益共同体」の利権にメスを入れる必要がある。

□政府がどこまで肩代わりするのか

東京電力再建のための政府認定の「総合特別事業計画」は、行き詰まりがはっきりしてきた。東京電力によると、除染などの費用を合わせると5兆円を超え、10兆円規模になる。

東京電力の収入の面では、東京電力が申請した家庭向け電気料金の引上げ幅は圧縮され、2013年4月以降に計画している柏崎刈羽原発の再稼働の見通しも厳しい。電気料金値上げと再稼働による「2014年3月期に黒字」の収支計画は甘かったといわれている。

除染や廃炉の費用は政府がどこまで肩代わりするのか、東京電力がどこまで負担するのか責任が不明確である。事故の際の電力会社と国の責任分担を定める「原子力損害賠償法」の見直しも遅れている。2013年1月になると除染費用は東京電力が担うべきであるとの見解が出ている。

□原発建設費はすでに電気代で回収済みのはず

電力会社は、2012年6月の株主総会では、株主の質問に対する回答で原子力発電所を再稼働させようとの発言も見られる。

関西電力では原子力発電所を停止しない理由として、原子力発電を停止すると資産が減少して債務超過になるからという。

2012年7月5日の朝日新聞では、福島第二原発、第一原発5、6号機を停止しても、補修や点検で年に900億円かかるという。東京電力は、これを家庭用の電気料金に原価として算入する。

「原子力発電の建設費用を20年にわたり毎年支払っていく減価償却費がかかる」といわれる。建設費用は、有形固定資産として計上されるが、これは前述したように減価償却費は総括原価に算入され電気料金収入に

より回収される。

　経済産業省の電気料金審査専門委員会の N 専門委員は、「廃炉を決めたとたん数 1,000 億円の損失が発生する可能性がある」という。「廃炉が決まると発電所の資産価値が一気にゼロに目減りし、廃炉費用もかかる。この損失のせいで債務超過に陥る」[5]と述べている。原子力発電所の建設費用は、原子力発電所の資産となっている。20 年にわたり減価償却費を計上することはわかるが、「毎年支払っていく減価償却費」というのは、誤りである。原子力発電所の建設費は、建設時点ですでに支払っているからである。東京電力は、1980 年代に多い時には設備投資は年間 1 兆 5,000 億円も投資しており、借入金の利子、減価償却費は総括原価に計上して、電気料金によって回収されてきた。

□問題は積み立て金不足

　現在の原子力発電所の資産価値は、取得価額からこれまでの減価償却費の累計額を控除した金額である。廃炉にした場合は、この金額と廃炉に要する費用の合計が特別損失として計上される。このうち、廃炉のために積立てている原子力発電施設解体引当金（現在、資産除去債務に含まれている）を取り崩すと、その差額分が特別損失となる。

　また、原子力発電の廃炉積立金が不足しているために原子力発電を動かそうとしているとの報道がある。「廃炉が決まると一気に数 1,000 億円の損失が発生する」という。原子力発電所の償却も、古いものは、ほぼ 100％行なわれていると考えられる。廃炉による特別損失がいくらになるかが重要である。廃炉（原子炉の解体費用）は、一基につき 500 億円ともいわれている。以前は 300 億円といわれていた。このため 1980 年頃から、廃炉引当金、原子力発電施設解体引当金、最近では資産除去債務として、廃炉に向けて引当金や資産除去債務が設定されてきた。廃炉が実施されれば、その分資産除去債務を取り崩せばいいと考えられる。

　廃炉による特別損失により債務超過に陥るとの議論があるが、東京電

図表 4-2　廃炉決定の際の除却損、施設解体引当金の引当不足額　（単位：億円）

会社	施設名 （出力単位；MW）	2011年度末の原子力発電の設備残存簿価（a）	(a)から資産除去債務相当額を控除した額（b）	2011年度末装荷核燃料簿価（c）	2011年度末完成核燃料簿価（d）	2011年度解体引当金総見積額	2011年度末引当額	今年度廃炉決定した場合の引当不足額（e）	合計額（b〜e）	2011年度末純資産	差分（▲は債務超過）
東京電力	福島第一5号（784）	1,449				488	383	105			
	福島第一6号（1100）					594	434	160			
	福島第二1号（1100）	1,161				665	490	175			
	福島第二2号（1100）					683	462	221			
	福島第二3号（1100）					678	394	284			
	福島第二4号（1100）					675	387	288			
	柏崎刈羽1号（1100）	4,672				728	416	312			
	柏崎刈羽2号（1100）					653	279	374			
	柏崎刈羽3号（1100）					624	223	401			
	柏崎刈羽4号（1100）					636	208	428			
	柏崎刈羽5号（1100）					667	326	341			
	柏崎刈羽6号（1356）					736	282	454			
	柏崎刈羽7号（1356）					733	245	488			
	合　計	7,297	5,702	1,316	446	8,567	4,534	4,031	11,495	5,274	▲6,221
関西電力	美浜1号（340）	800				318	225	93			
	美浜2号（500）					350	284	66			
	美浜3号（826）					458	375	83			
	高浜1号（826）	1,059				433	366	67			
	高浜2号（826）					433	363	70			
	高浜3号（870）					508	383	125			
	高浜4号（870）					508	374	134			
	大飯1号（1175）	1,772				560	401	159			
	大飯2号（1175）					562	439	123			
	大飯3号（1180）					571	299	272			
	大飯4号（1180）					571	303	268			
	合　計	3,632	3,105	853	800	5,278	3,818	1,460	6,318	11,835	5,517
（10社；50基）総合計		28,289	23,958	4,885	2,808	27,878	15,584	12,312	43,963	58,588	14,625

（注）（1）単位未満切り捨てのため、合計が一致しない場合がある。
　　　（2）大飯3、4号機が稼働している為、2012年度までには引当金が増加している可能性がある。
　　　（3）2011年度の各財務データ（一般電気事業者10社計）
　　　　　売上高約15.5兆円、経常利益▲約1.2兆円、当期純利益▲約1.6兆円、純資産約5.7兆円（単位未満四捨五入）。
　　　（4）電力10社には北海道、東北、東京、中部、北陸、関西、中国、四国、九州の9社（47基）に日本原電（東海第二、敦賀1号、敦賀2号）を含み、合計10社（50基）になる。
（出所）民主党プロジェクトチーム（2012年3月）により作成されたデータによる。

力の場合は 6,221 億円の債務超過が予想されているが、関西電力の場合は、債務超過には陥らないで、5,517 億円ほど純資産が多い。電力 10 社の合計では、1 兆 4,625 億円ほど純資産の方が多いので、廃炉によって債務超過にはならない（**図表 4-2**）。

（注）債務超過
　債務者の負債が資産を超える状態であり、資産を全て売却しても、借金などの負債が返済できない財政状態である。

4　賠償・除染・廃炉に係る費用負担と東電の財政状態

□除染、賠償で予測される負担は 8 兆円？─交付金がささえる

　東電の原子力発電事故にともなう費用は、いくらになるか、まだその全貌は、明らかでない。

　政府は、交付国債（必要時に国が現金を支給する国債）による東京電力向けの無利子融資枠を今の 5 兆円から 9 ～ 10 兆円に拡大する方針を固めた。政府は福島第一原発周辺の除染や賠償の費用拡大に対応して東電の財務を支援する。

　図表 4-3 により 2013 年 3 月期の東電の財政状態を見よう。2012 年 7 月に原賠支援機構が、1 兆円の増資をしたことから、純資産は、対前期末比 3,042 億円の増加となり、結局 8,317 億円となっている。これは資本金が 5,000 億円、資本剰余金が 5,000 億円の増加により、1 兆円の増資となっている。国は、東電発行株式の 50.1％を取得しているので、「実質国有化」したことになる。

　また利益剰余金は、当期純損失（赤字）が 6,943 億円であるので、マイナス 1 兆 3,036 億円となっている。損益計算書では、特別利益として「原子力損害賠償支援機構資金交付金」（以下支援機構資金交付金）が 2012 年 3 月期に 2 兆 4,262 億円、2013 年 3 月期に 6,968 億円も計上されている。逆に特別損失として、原子力損害賠償費が、2012 年 3 月期に 2 兆 5,249

億円、2013 年 3 月期に 1 兆 1,619 億円にのぼっている。原賠支援機構からの資金交付金がなければ当期純損失は、約 1 兆 4,000 億円に拡大する。つまりこの原賠支援機構資金交付金は、特別利益として計上されている。

こうして東電は 1 兆円の増資と支援機構資金交付金によって「債務超過」に陥らないで済んでいるが、実質債務超過である。東電の巨額の負債は、2013 年 3 月期に社債が 3 兆 7,681 億円、長期借入金が 2 兆 9,804 億円、短期借入金（1 年以内に期限到来の固定負債を含む）が 1 兆 1,236 億円であり、合計 7 兆 8,721 億円の有利子負債を有している。東電の負担は、賠償、除染、中間貯蔵施設などの費用で 8 兆円に限定されるといわれる。

□原子力バックエンド費用と引当金

つぎに、原子力発電に関する引当金を見ていこう（**図表 4-3**）。

使用済燃料再処理等引当金とは、有価証券報告書（東電）によれば核燃料の燃焼に応じて発生する使用済燃料（再処理計画を有しない燃料を除く）に対して、再処理等に要する費用に充てるために設けられた引当金である。この引当金は、2013 年 3 月期には 1 兆 1,085 億円が計上されている。

また、使用済核燃料再処理等準備引当金は、再処理計画を有しない使用済燃料に対して、その再処理等に要する費用に充てるために設けられた引当金である。なお、福島第一原発 1 ～ 4 号機の装荷核燃料に係る処理費用を含んでいる（有価証券報告書、東京電力、2013 年 3 月期）。この引当金は、607 億円が計上されている。

さらに災害損失引当金とは、2011 年 12 月に設定された福島第一原発 1 ～ 4 号機の廃止措置に向けた「中長期ロードマップ」に係る費用、損失のうち、通常の見積が可能なものについて見積額を計上している。この引当金は 7,008 億円である。

図表 4-3　東京電力の貸借対照表（単独ベース、2013 年 3 月期）の概要

（単位；億円）

	2012.3	2013.3		2012.3	2013.3
固定資産	130,199	120,996	固定負債	122,757	116,947
電気事業固定資産	74,405	73,795	社債	36,772	37,681
水力発電設備	6,476	6,328	長期借入金	32,163	29,804
汽力発電設備	8,518	8,486	使用済燃料再処理等引当金	116,277	11,085
原子力発電設備	7,297	7,491	使用済核燃料再処理等準備引		
内燃力発電設備	688	1,365	当金	584	607
核燃料	8,457	8,076	災害損失引当金	7,862	7,008
投資その他の資産	37,953	29,102	原子力損害賠償引当金	20,633	17,657
使用済核燃料再処理等			資産除去債務	7,999	8,230
積立金	11,259	10,708	流動負債	23,324	20,885
未収原子力損害賠償支	17,626	8,917	1 年以内に期限到来の固定		
援機構資金交付金			負債	9,199	11,141
流動資産	21,293	25,201	短期借入金	4,402	95
現金預金	12,022	15,836	負債合計	146217	137880
売掛金	4,078	4,551			
			株主資本	5,277	8,334
			資本金	9,009	14,009
			資本剰余金	2,436	7,436
			利益剰余金	▲ 6,092	▲ 13,036
			純資産合計	5,274	8,317
資産合計	151,492	146,197	負債・純資産合計	151,492	146,197

（出所）有価証券報告書（東京電力 2013 年 3 月期）より作成した。

（注）原子力バックエンド費用
　原発を動かした後で発生する費用で、使用済燃料の再処理や、廃炉や解体費などの費用を含んでいる。バックエンド費用に充てるために引当金が（バランスシートの）貸方項目として設けられる。この引当金項目として使用済燃料再処理等引当金、使用済核燃料再処理等準備引当金、原子力発電施設解体引当金（2011年 3 月期より資産除去債務に変更）、原子力発電再処理等引当金などがある。

　さらに原子力損害賠償引当金は、福島原子力発電事故に関する損害賠償に要する費用に備えるために当事業年度における見積額を計上している。この引当は、1 兆 7,657 億円である。
　つぎに廃炉会計処理について見よう。原子力発電施設解体費は、この総見積額を発電設備の見込運転期間にわたり、原子力の発電実績に応じて費用計上する。この解体費に充てるための引当金として、原子力発電

施設解体引当金の科目がある。福島第一原発1～4号機の解体費用の見積りは現時点の見積可能な範囲における概算額を計上している。2011年3月期から「原子力発電施設解体引当金」の科目は、「資産除去債務」の科目に変更されている。この資産除去債務は、2011年3月期の7,850億円から12年3月期の7,990億円である。

　原子力発電工事償却準備引当金は、原発の運転開始直後に発生する減価償却費の負担を平準化するために設けられた引当金である。この引当金は47億円である。

　これらの原発に関わる引当金等の合計額は4兆4,634億円となる。これらの引当金に対して費用が対応するが、必ずしも明確に示されていない。「原子力発電再処理等引当金」と「原子力発電再処理等積立金」、また「損害賠償引当金」と「支援機構資金交付金」が対応していると推定できる。また「支援機構資金交付金」は、損益計算書の特別利益（原子力損害賠償支援機構資金交付金）（**図表4-4**）に計上されている。この特別利益は、「支援機構資金交付金」と連動している。原子力損害賠償支援機構資金交付金を特別利益として計上しているが、東電はあとでこの交付金の返済を義務づけられているので、特別利益として計上することに疑問が残る。

□政府の支援─実質国有化

　政府は、福島第一原発周辺の除染や賠償そして廃炉の費用拡大に対して東電の費用負担を無利子の融資枠を拡大して支援する。さらに除染や中間施設の費用の一部を国が負担する。国は、中間貯蔵施設の費用1兆円を電源開発促進税から20年から30年かけて支払う。計画済み除染は、約2.5兆円であるが、国が東電株の売却益を使い負担する。有価証券売却益が不足すれば東電が負担する。追加の除染や住民の帰還支援費用は国が復興財源で負担する。賠償は、5億円から6億円であるが、全額東電が負担する。廃炉・汚染水は国と東電で分担する[6]。

図表 4-4　東京電力の損益計算書（単独ベース、2013 年 3 月期）
　　　　　の概要　　　　　　　　　　　　　　　（単位；億円）

	2012.3	2013.3
営業収益	51,077	57,694
・電気事業営業収益	49,956	56,600
電灯料	21,334	23,351
電力料	26,206	30,403
営業費用	54,269	60,349
・電気事業営業費用	53,193	59,297
営業外収益	765	490
営業外費用	1,657	1,612
当期経常収益	51,843	58,185
当期経常費用	55,927	61,961
当期経常損失	▲ 4,083	▲ 3,776
特別利益	25,174	8,923
原子力損害賠償支援機構資金交付金	24,262	6,968
特別損失	28,651	12,177
原子力損害賠償費	25,249	11,619
当期純損失	▲ 7,584	▲ 6,943

（出所）有価証券報告書（東京電力 2013 年 3 月期）より作成した。

　このように国と東電の費用負担が計画されているが、必ずしもこの計画通りいくとは限らない。これまで「総合特別事業計画」でも何回も変更されてきているからである[7]。

　東電は、財務構造では「実質国有化」されており、また「債務超過」に陥らないために操作をしている。これまで見たように原子力損害賠償支援機構からの資金交付金（2兆4,000億円あまり）をその都度受けている。このために国や金融機関からの融資や費用負担、そして電気料金値上げが行なわれている。

5 電気料金との関連

□総括原価方式でふくらむ消費者負担

つぎに原子力発電に関連する費用の負担と電気料金について見ていこう。

東京電力は 2012 年 9 月から電気料金の値上げをした。この電気料金の値上げの認可申請は、規制部門（おもに家庭の電気料金）である。大企業の場合には自由化部門の電気料金となっている。この電気料金の基礎となるのが総括原価方式である。この総括原価には人件費、燃料費、修繕費、資本費（減価償却費、事業報酬）、購入購入電力料、公租公課、原子力バックエンド費用、その他の経費の合計から控除収益を差し引いたものである。料金値上げの申請時には、この総括原価を申請するが、実績値の料金価格との乖離が指摘されている。届け時の料金原価が実績の料金原価を上回っているのである。総括原価への算入項目にはこれまで検討してきた廃炉費用や賠償費用そして核燃料再処理費用などが含まれている。これらの費用が総括原価を膨らませ、一般の消費者（家庭など）の電気料金の値上げになっている。

□バックエンド費用も料金転嫁

電力会社の料金申請時に原子力バックエンド費用として、使用済燃料再処理等費、特定放射性廃棄物処分費、原子力発電施設解体費を申請している。先に検討した原子力発電施設解体引当金については、発電所一基ごとの発電実績に応じて引き当てることとしており、これによって生ずる費用（原子力発電施設解体費）は料金原価項目に含めることになっている[8]。この引当金の関しては、原子力発電施設解体引当金省令に基づいて運転期間中の発電量に基づいて引当を行い、料金を回収する。前述したように廃炉費用の積立不足は、廃炉を決めた後でも毎年積立てられ

るように見直した。

　図表4-5を見ると、2010年3月期までは「原子力発電施設解体引当金」の科目であったが、国際会計基準の影響で「資産除去債務」に引き継がれている。引当金から債務に変更しているが、原子力発電施設解体費は電気料金に上乗せされている。東電の原子力発電施設解体引当金（当初は廃炉引当金と呼ばれていた）は、1989年3月期に1,663億円計上された。この引当金は、2011年3月期には、資産除去債務と科目変更され、7,850億円に増加している。その後2013年3月期に8,230億円に達した。翌2014年3月期に7,089億円に減少したのち16年3月期には7,616億円に増えている。

　電力会社9社の原子力発電施設解体引当金は、2010年3月期の1兆3,861億円余りから2011年3月期の資産除去債務2兆791億円へと6,850億円も増加している。東京電力は同時期に5,100億円から7,850億円へ2,749億円余り増加している。

　しかし通常の場合の廃炉と原発事故による廃炉とは、その費用は大きく異なっている。通常の原発の場合は、解体と解体によって発生する放射性廃棄物の処分費用は一基当たり600億円ほど引き当てている。資産除去費用は、原発の見込運転期間（通常40年）にわたり原子力の発電実績に応じて費用化し、電気料金に積立てる。

　原発事故の廃炉の場合にはすべての施設が放射能によって汚染されているために巨額の廃炉費用や除染費用などがかかる。現在、原発事故の廃炉は巨額で長期間を要すると考えられており、技術の面でも、ロボットを採用するなどして困難を極めている。とりわけ廃炉作業を行う従業員の被爆を防ぐことが東電の責任でもある。

　また原子力発電再処理費用も電気料金に含まれ、消費者である国民がその電気料金を負担している。2005年5月には、再処理等積立金法が制定された。この制度に基づき経済産業大臣の指定する資金管理法人に再処理等積立金を外部に積み立てている。日本原燃は、再処理工場を青

図表 4-5　電力会社別原子力発電施設解体引当金・資産除去債務の推移

決算期	2009.3	2010.3	2011.3	2012.3	2013.3
東京電力	491,415	510,010	785,007	799,958	823,046
関西電力	312,675	326,670	424,997	434,661	449,344
中部電力	117,929	119,858	218,601	218,711	220,768
九州電力	155,838	164,931	207,689	211,840	219,450
四国電力	75,246	79,305	98,329	100,843	103,879
東北電力	53,320	58,171	125,245	128,255	132,864
中国電力	58,641	61,345	77,783	79,665	82,512
北海道電力	41,266	44,308	77,636	79,439	82,407
北陸電力	19,062	21,580	63,881	65,423	67,654
9 社計	1,325,392	1,386,178	2,079,168	2,118,795	2,181,924

(注)　1　2010 年 3 月期までは、「原子力発電施設解体引当金」の科目であったが、2011 年 3 月期以降は会計制
　　　　　度の変更により「資産除去債務」に変わっている。
　　　2　中部電力は 2009 年 3 月期、2010 年 3 月期、2011 年 3 月期に、「原子力発電所運転終了関連損失引当金」
　　　　　を、それぞれ 870 億 900 万円、865 億 5,700 万円、449 億 2,600 万円計上している。
(出所)　有価証券報告書 (各社) により作成した。

森県六ケ所村に建設している。そこで再処理とその施設解体、廃棄物処分を行う。電気事業連合会は六ケ所村の再処理工場に対応して 2004 年 1 月にはバックエンドコストの試算をし 18.8 兆円もかかると公表した。

　バックエンドコストは長期で巨額の事業であり、不確実性が高いために引当金として計上し、資金管理のために外部積み立てとした。核燃料再処理費用も総括原価の中に計上されて電気料金として国民に負担をかけている。また問題は核燃料サイクルが六ケ所村の再処理事業が行き詰まったり、高速増殖炉「もんじゅ」の事故で頓挫したり、東電、関電のプルサーマル計画が中断している。

□ 「原発の発電コストは安い」はウソ─国費投入と電気料金負担

　今日、原子力発電所はごくわずかしか稼働していないが、国民の節電や再生可能エネルギー（太陽光、風力、地熱など）の普及・増大によって

（単独ベース）

（単位；100万円）

2014.3	2015.3	2016.3
708,921	734,259	761,653
399,301	408,429	418,705
190,076	192,476	196,644
201,142	206,113	211,447
96,296	98,465	100,892
106,255	111,236	117,980
72,277	73,725	75,265
71,343	73,578	75,926
54,024	56,537	59,153
1,899,635	1,954,818	2,017,665

日本の電力の安定供給が保たれている。

　これまで原子力発電は他の火力、水力発電に比べて経済性の面でも安価でしかも安全性も高いと言われてきた。

　経済産業省『エネルギー白書』によると、各電源の発電コスト（2010年）はkW時で、太陽光49円、地熱8～22円、風力10～14円、水力8～13円、火力7～8円、原子力5～6円で、原子力発電が最も安価であるという。この「『エネルギー白書』の発電コストは、実は、総合資源エネルギー調査会・電気事業分科会コスト等検討小委員会に対して、電事連が提出した資料の一部を使用したものである」(9)と言われている。

　電力会社が加盟している電気事業連合会（電事連）が作成した発電コストを経済産業省（『エネルギー白書』）が利用している。

　さらに大島堅一氏（立命館大学）によると1970年～2010年の41年間で、1kW時あたり原子力は8.53円、火力9.87円、水力7.09円（うち一般水力3.86円、揚水52.04円）であった。これからわかるように「過去41年間で最も安かった電力は一般水力であった」(10)といわれる。最も発電コストが安いのは一般水力であり、原子力での発電コストは水力発電よりも高い。

　さらに原子力発電の政策コスト（財政から特定の政策のために支出されているコスト―大島堅一氏）を含めると原子力はkW時当たり10.25円（直接発電コスト8.53円＋研究開発コスト1.46円＋立地対策コスト0.26円）、火力

は 9.91 円（直接発電コスト 9.87 円＋研究開発コスト 0.01 円、立地対策コスト 0.03 円）、水力は 7.19 円（直接発電コスト 7.09 円＋研究開発コスト 0.08 円＋立地対策コスト 0.02 円）である[11]。政策コストを含めると火力、水力よりも原子力が最も発電コストが高い。しかも 2011 年 3 月の東電福島原発の事故コストを含めると原子力発電事業はコストの面からも経営が成り立たないと言える。2011 年 3 月 11 日の東京電力福島第一原発の大事故を境にして、経済性・安全性の両面において信頼性を失っている。

第 2 次安倍政権成立後、2013 年 12 月 24 日の「エネルギー基本計画」の作成時には、公聴会を省略して、民主党の「2030 年原発ゼロ」政策をあっさり撤回し、原発を「引き続き活用していく重要なベース電源」と位置付けている。電力会社は、現在停止している原発の再稼働の申請をして審査を行っている。

これまで見てきたように東電の原発事故の損害賠償の費用負担、廃炉

図表 4-6　増大する費用と国民負担

福島第一原発
事故対応費が膨らむにつれ、
東電救済策も追加
金額は経産省の
試算などから

　廃炉・汚染水対策費
　除染費（別に復興予算も充当）
■ 中間貯蔵施設費
　賠償金

21.5兆円

8兆円
送配電子会社の合理化利益を本来の値下げに回さず使える新制度

4兆円

1.6兆円

7.9兆円
送電線の使用料に上乗せする新制度
＋
東電と大手電力各社で返済

国が持つ東電株売却益で返済

税金で数十年かけてまかなう

11兆円

2兆円

2.5兆円

1.1兆円

5.4兆円
東電と大手電力各社で返済

5兆円

1兆円で国有化

5兆円
国が一時的に立て替え

2012年　　2013　　2016

（注）上記試算では、取り出した核燃料デブリの処分費は明らかにされていない。
（出所）朝日新聞、2016年12月20日

96

費用の負担、除染費用や中間貯蔵施設の負担において国費等が投入される。つまり東電株の売却益を除染費用の支払いにあて、廃炉の一部を資産計上しその減価償却費を電気料金に算入させて国民に負担を強いる方法をとっている。中間貯蔵施設建設の場合も国が電源開発促進税から支払う計画を立てている。住民への損害賠償の支払いは東電が負担すると言われるが、国の交付金や金融機関の融資によって賄われている**（図表 4-6）**。

（注）
（1）原子力損害賠償支援機構、東京電力『総合特別事業計画（抄）』2013 年 6 月 6 日、9 ページ。
（2）日本経済新聞、2013 年 12 月 14 日。
（3）中日新聞 2013 年 11 月 7 日。
（4）日本経済新聞 2013 年 6 月 5 日。
（5）朝日新聞 2012 年 7 月 5 日。
（6）日本経済新聞 2013 年 12 月 14 日。
（7）2016 年 12 月には経産省が、福島第一原発事故の処理費が 21.5 兆円に増大するとの新たな試算をまとめた（2013 年時点の想定では計 11 兆円であり、約 2 倍となる）。
　　2013 年の試算の内訳では、賠償費 5.4 兆円、除染 2.5 兆円、中間貯蔵施設 1.1 兆円、廃炉など 2 兆円であったが、今回特に廃炉、汚染水対策費が 6 兆円増加し 8 兆円となる。手を打たないと東電が倒産しかねず、政府は東電に対する無利子融資枠を 9 兆円から 14 兆円に上げる。（朝日新聞 2016 年 12 月 9 日）。これらの費用の増加に関して、政府は電気料金上乗せなどにより国民負担を増やす方針を閣議決定した。（同紙 12 月 20 日）
（8）総合資源エネルギー調査会「原子力発電所の廃炉に係る料金・会計制度の検証結果と対応策」2013 年 9 月。
（9）経済産業省『平成 21 年度エネルギーに関する年次報告（エネルギー白書）』2010 年。
（10）大島堅一『原発のコスト―エネルギー転換への視点』岩波書店、90 ページ。
（11）大島堅一、同上書、104 ページ。

第5章

電力会社の廃炉会計と電気料金

□電気料金によって廃炉費用を回収できるか

　今日、原子力発電の廃炉の会計処理を巡って議論されているが、ここでは電気料金によって廃炉費用を回収できるように合理化されている点について考察していこう。このため廃炉費用の電気料金への算入の経緯を跡付けたうえで、2011年3月11日の東電の福島第一原発事故による廃炉会計処理についてどのように規定されていったのかについて経済産業省総合資源エネルギー調査会の「廃炉に係る会計制度検証WG（ワーキンググループ）」の会合を中心に見ていこう。

1　廃炉会計の歴史的経緯

□廃炉費用の見込みに具体的な根拠なし

　廃炉（Nuclear Decommissioning）とは、原子力発電所（以下、原発ともいう）を停止し、その設備を解体して撤去することをいう。廃炉は使用済み核燃料を取出し配管内の放射性物質を取り除く。放射線の強さが減少するまでには5～10年かかり、最終的に更地に戻すまでに約30年か

図表 5-1　原子力バックエンド費用の推移（東京電力）　　（単位；100 万円）

決算期	1982.3	1983.3	1984.3	1985.3	1986.3	1987.3	1988.3	1989.3
核燃料再処理費	9,393	33,321	58,056	45,676	81,209	148,396	88,777	73,395
廃棄物処理費	3,989	4,305	3,895	4,871	5,726	6,269	5,971	5,365
原子炉等廃止措置費	—	—	—	—	—	—	—	28,581
合計	13,382	37,626	61,951	50,547	86,935	154,665	94,748	107,341

（注）廃棄物処理費は、原子力発電に係わる費用のみで、汽力発電に係わる費用を除いている。
（出所）有価証券報告書（東京電力）各年版より作成した。

かるといわれている。

　この廃炉に関する費用は、原子力バックエンド費用の一つである。原子力バックエンド費用は、核燃料サイクルに関わる費用である。この費用には使用済み核燃料再処理費用、高レベル放射性廃棄物処分費用、低レベル放射性廃棄物処分費用、廃炉処理費用がある。

　ここでは原子力バックエンド費用における廃炉会計について歴史的に見ていこう（**図表 5-1**）。

　1980 年代には原子力バックエンド費用である原子炉の廃止は、廃炉引当金（廃炉準備金）勘定で処理されていた。1981 年の料金制度部会中間報告で、現時点では、処分法等につきなお不確定な要素が多く、将来の費用を合理的に見積ることが困難であるので検討事項とされていた。

　その後、1985 年 7 月 15 日に、総合エネルギー調査会原子力部会は、「商業用原子力発電施設の廃止措置のあり方」を発表し、運転終了後の原子力発電所を 5 ～ 10 年間閉鎖して管理したあと解体撤去（作業期間 3 ～ 4 年）する方式を採用することを公表した。この方式によると、廃炉処理費用は、密閉期間 5 年の場合、出力 110 万キロワットクラスの炉で約 300 億円（1984 年度価格　原発建設費の約 10％にあたる）かかるといわれていた。廃炉を行なう事業をも含めて核燃料サイクルは完結するといわれているが、いまだ具体化していない。だから、一基につき廃炉に要する費用が約 300 億円といっても、具体的な根拠にもとづいた数値とはいえないのである[1]。

□会計学的に成り立たない原子力発電

　こういう状況の中で、廃炉引当金（準備金）の計上を電力会社に認め、廃炉費用として料金原価に算入し、税制上、損金経理を認めることが検討され、東京電力では原子炉等廃止措置引当金として、1989年3月期に初めて285億円引当られた。1990年3月末には、この引当金は563億円に達している。電力会社にとっては、炉の耐用年数期間中にできるだけ早く廃炉費用を計上し、料金原価に上乗せし、他方、廃炉引当金設定により減税のうえで、さらに内部資金を厚くできるという意見が出てきて、不確定な状況にあった。1980年代に「エネルギー高価格時代」に入ったことは確かであるが、原子力発電のバックエンド費用を含む電気料金のあり方には問題が多いと言わなくてはならなかった[2]。

　原子力発電のバックエンド費用の見積り、引当金計上の会計処理は、会計学上の発生主義の考え方によるものである。その基礎には、期間損益の合計は企業の生涯全体をとおした損益に一致するという「一致の原則」といわれるものがあるが、「原子力発電に関するかぎり、この一致の原則が、事実上作動しないというほうが正しい」[3]との指摘がある。なぜならば、核燃料サイクルが未完結なのが現状だからである。廃棄物にしても、何百年と管理しなければならないのである。となると、それは理論的になりたたないばかりでなく、現実的には料金転嫁によって、消費者、国民に負担を強いるもの以外の何ものでもないということになる[4]。

□廃炉費用のコスト計上で原発の「経済性」は吹き飛ぶ

　つぎに廃炉費用の問題である。動力試験炉解体の場合、研究開発費を含め約200億円であり、そのうち実際の解体作業に100億円かかっている。この実績からみて、電力会社や政府は110万キロワット級では1基約300億円（原発建設費の約10分の1）かかると見込んでいた。北陸電力を除く電力8社は、1988年から廃炉費用の積立てを始めた。有税扱い

の廃炉引当金で1988年度は合計320億円にのぼっている。1990年度からは、「原子炉等廃止措置準備金」として廃炉に必要な総費用額に、各年度の発電比率をかけ合せて算出された金額が、その年度の積立金額となる。しかし、電力8社の廃炉計画を取りまとめている電気事業連合会は、1基当たり「300億円というのはあくまで見込みであり、安全性をさらに十分確保するため、それ以上の費用がかかることもありうる」[5]といっている。

これらが発電費用としてコストに加えられるならば、原発の「経済性」論もいっきょに吹き飛んでしまうことは確実である。那須電気事業連合会会長は、1988年7月22日、原発推進についてつぎのように述べている。「今後も原子力発電は不可欠である。……原子力を投げ出しては供給責任は果たせない」「原子力の発電コストが石油火力などに比較し割高になっても、原子力開発は推進する」（共同通信とのインタビュー）。

いまや原子力は安いということが原発推進の理由ではなく、何がなんでも原発を推進するということである。

□各国でもコスト上昇

この時期に、アメリカでも原子力発電所の建設・発電コストの上昇が目立っていた。安定・安全操業を維持するための設備費や補修費が増えているからで、連邦エネルギー規制委員会（FERC）によると、建設費は10年前の4倍近くなり、運転開始後の発電コストは過去2年間で平均20％弱上昇している。

電気事業を1990年4月から民営化することにしたイギリスでは、廃炉や放射性廃棄物の処分、使用済み核燃料の再処理など「あと始末」の費用が予想外に高いので、既存の原発すべてを民営化の対象からはずすことを決めた。原発は火力発電などと競争できないほど高くつくと判断したためである[6]。

□放射性廃棄物処理という難問─何万年かかるのか？

　また、高レベルの放射性廃棄物の埋設処分は、原子力発電を行なううえで最大の難問とされている。通産省（現、経済産業省）は、1999年9月に、「高レベル放射性廃棄物処分推進法案」（以下、法案と略）を通常国会に提出し、電力業界が処理事業の主体となる法人を2000年度中に設立するとの考えを示した。この中で原子力発電の使用済み核燃料から再処理工場でプルトニウムやウランを取り出したあとに残る高レベル放射性廃棄物の処分費用は、2015年までに2.7〜3.1兆円も発生する。このため、高レベル放射性廃棄物の処分費用の積立てをはじめるが、コストは最終的に電力料金に算入され、国民の負担となる。高レベル放射性廃棄物の処分事業は100年以上の長期間つづいていくが、電力業界にまかせ、処分費用の積立資金管理を別の財団法人が行なうことを「法案」で定めている。この法案は、2000年4月に衆議院本会議において審議が開始され、5月に一部修正のうえ可決された。さらに、5月末には参議院本会議で可決され「法案」が成立した[7]。

> 　（注）　**放射性廃棄物処理**
> 　　原発から出る廃棄物のうち放射性物質から出る廃棄物をいう。低レベル放射性廃棄物、高レベル放射性廃棄物に分けられる。

　また、再処理工場から出る放射能を帯びた超ウラン元素（TRU廃棄物）も、高レベル廃棄物と同様に地層に処分することを決めている。地層処分（地下数百〜1,000メートルの穴を掘って地層に埋める処分）の研究施設建設でも、北海道幌延町に打診したが、町は最終処分地になりかねないとして協議を保留した[8]。

　1999年6月、電気事業審議会料金制度部会は、「解体放射性廃棄物の処理費用の料金原価の取扱いに関する中間報告」をまとめた。この中間報告では、総合エネルギー調査会原子力部会が行なった費用の見積りの結果をうけ、その引当金を積み立てる方法で料金原価に算入することにした。原子力発電施設解体費については、すでに「原子力発電施設解体

引当金」が制度化されていた。しかし放射性廃棄物の処分費用は、費用
の合理的な見積りが困難との理由からこの時点では除外されていた。資
源エネルギー庁は、国内で稼働中の原子力発電所（当時51基）の解体に
よる放射性廃棄物処分の費用総額は約8,000億円との前提で試算を行
なった。その結果、1kW時当たり4銭弱になるとの見通しを示している[9]。

□価格競争で耐用年数を引き延ばす

大口電力の「自由化」で、参入企業（独立発電事業者、IPP）との発電
コスト競争が予測されている。通産省（現、経済産業省）は、1999年12
月に、原子力発電単価を1キロワット時「約9円」から「5.9円」へ下
方修正し、一方、天然ガス火力の発電単価を6.4円と試算して、原子力
発電単価は安いと結論づけた。しかし東京電力の原子力発電17基の平
均発電単価は8円弱で、5.9円とは開きがある。通産省の試算は、最新
鋭原子力発電の耐用年数を、1994年の計算では16年としていたものを、
99年には40年として計算した。この耐用年数を延ばすことによって原
子力発電設備の減価償却費が減少し、これが発電単価を引き下げたので
ある[10]。

原子力発電所の新規増設が困難になるなかで、通産省・資源エネル
ギー庁は、1999年2月に日本原電・敦賀原子力発電所1号機など3基
の耐用年数を、30年から60年に延長可能であるとの報告書をまとめた。
日本原電など3社は、1960年運転開始の原子力発電所を具体的にあげ、
国の了承を得ている。

アメリカでは40年間運転し、さらに20年の延長を認めているが、こ
の考えが日本の耐用年数に反映しているといわれる。しかし、実際には、
海外で30年以上稼働している原子力発電所はごく少数で、アメリカで
も40年を超える前に閉鎖・解体がはじまっている[11]。

東京電力は、1999年3月に、ステンレス製の大きな円筒で冷却水の
流れを一定に保つ「シュラウド」を設置し、原子力発電所（福島第一、

第二号機）の寿命を延長する。しかし、長期運転の延長による実施は、安全性に問題が生じ、地元自治体の同意が必要になると考えられる。また、経済性の点でも定期検査や総点検、そして「シュラウド」の設置費用などで、百数十億円もかかる[12]。

（注）シュラウド（Shraud）
　原子炉圧力容器内で燃料と制御棒が配置された原子炉内中心部の周囲を覆っている円筒状のステンレス製のものである。

□巨額のバックエンド費用が明らかに

　以上のように 1980 年代から 90 年代にかけて原子力発電所が急速に増設されてきた。これに伴って原子力バックエンド費用に関する会計制度面の整備が図られていった。会計制度面の整備は核燃料サイクルが完結していない現状の下で核燃料再処理引当金や原子力発電施設解体引当金の規定が行なわれ、電気料金への算入を可能としたのである。

　さらに今世紀に入ると 2004 年 1 月 23 日に総合資源エネルギー調査会電気事業分科会コスト等検討小委員会は、『バックエンド事業全般にわたるコスト構造、原子力発電全体の収益性等の分析・評価──コスト等検討小委員会から電気事業分科会への報告──』[13] を発表した。原子燃料サイクルバックエンドの総事業費の総見積額が明らかにした。

　このバックエンド費用の内訳をみると再処理に 11 兆円、高レベル放射性廃棄物処分に 2 兆 5,500 億円、使用済み燃料中間貯蔵 1 兆 100 億円、MOX 燃料加工 1 兆 1,900 億円等の合計金額は 18 兆 8,000 億円にもなっている。この中には、廃炉費用は入っていないので、これを入れると、さらに巨額のバックエンド費用となる。

　図表 5-2 の最近の原子力バックエンド費用引当金を見ると、2011 年 3 月期に東京電力は、原子力発電施設解体引当金 5,100 億円から 2012 年 3 月期に資産除去債務 7,918 億円に増加している。会計基準の変更に伴ない、資産除去債務となったためである。資産除去債務会計基準適用に

図表 5-2　最近における原子力バックエンド費用引当金の推移
（東京電力、連結ベース）　　　　　　　　　　　　（単位；100 万円）

決算期	2010.3	2011.3	2012.3	2013.3	2014.3	2015.3	2016.3
使用済燃料再処理等引当金	1,210,060	1,192,856	1,162,777	1,108,592	1,054,480	995,792	923,725
使用済燃料再処理等準備引当金	36,312	55,093	58,461	60,799	67,945	70,663	73,489
災害損失引当金	92,813	831,773	787,507	702,000	596,145	521,016	475,892
原子力損害賠償引当金	—	—	2,063,398	1,765,716	1,563,639	1,061,572	837,882
原子力発電施設解体引当金	510,010	—	—	—	—	—	—
資産除去債務	—	791,880	803,299	826,577	714,261	741,190	770,992

（注）参考までに原子力発電事故に伴なう「原子力損害賠償引当金」を揚げている。
（出所）有価証券報告書（東京電力）各年版より作成した。

伴う影響額は、2011 年から 2012 年にかけて 2,818 億円の増加となっている。

　2010 年 4 月には資産除去債務会計基準の導入に伴なって廃炉に伴なう積立限度額を見直したためである。

　□福島事故後の東電と政府

　2011 年 3 月 11 日には、東日本大震災が発生し、東京電力福島第一原子力発電所の破壊によって放射能による住民への原子力損害賠償や原発の廃炉等の問題が生じた。このため東京電力と原子力損害賠償支援機構（以下、原賠支援機構と略）は、「総合特別事業計画」を発表した。

　さらに機構は 2013 年 12 月 27 日に「新・総合特別事業計画」[14] を発表した。この新・総合特別事業計画（以下、「新・総特」と略）は、2012年 4 月に策定された総合特別事業計画（以下、総特と略）以降の環境の変化に対応して 1 年半を経て抜本的な見直しが図られた。この見直しでは———

　①原子力発電事故による住民や企業への被害者賠償で交付国債枠 5兆円を超える可能性がある。また除染費用は約 2.5 兆円程度、中間貯

蔵施設の費用は約 1.1 兆円と見込まれている。これらは国費（政府）が負担する。

　②福島第一原子力発電所の安定化・廃炉の実施では 1 ～ 4 号機の廃止措置等に向けた中長期ロードマップの終了までに、引当済みの約 1 兆円に加え、不測の事態に備えるため、今後 10 年で 1 兆円程度の支出枠が求められた。今後、廃炉費用 1 兆円と被害者賠償費用 5 兆円超の合計 6 兆円超は、東京電力が負担する。

　このように「新・総特」では、国と東京電力の役割分担について触れている。東京電力が汚染水・タンク問題等のトラブルを発生させ、さらに賠償金支払や廃炉費用などで巨額の財政負担に直面した。こうした状況の下で政府は、2013 年 12 月に国が全面に立って福島再生を加速化し、東電にさらに踏み込んだ改革を求めるとの方針の下で国・東京電力の役割分担の在り方について閣議決定（2013 年 12 月 20 日）をした。

　国と東京電力の取り組みでは、廃炉・汚染水対策に係る司令塔の機能を一本化し「廃炉・汚染水対策関係閣僚等会議」に統合した。廃炉に向けた取り組みは終了までに 30 年から 40 年かかると見込まれており、廃炉と被害者賠償との支援事業の強化に向けて「原賠支援機構」の活用を検討した。東電の取り組みは廃炉に向け、これまで手当してきた約 1 兆円と今後 10 年間の総額としてさらに 1 兆円を確保する。

　「新・総特」では最優先事項として「事故対応の体制強化・賠償の集中実施」および「持続的な経営基盤の確保」を掲げている。前者は、福島復興のために「原子力損害賠償」を掲げ、2014 年度から 2016 年度にかけて「中間指針第四次追補に係る賠償開始、早期帰還賠償開始（避難指示解除後）」を行なうとしている。また「廃炉」に関しては、2013 年度から「4 号機燃料取出開始」、2014 年度には「（仮称）廃炉カンパニー設立」、2015 年度には「汚染水浄化（トリチウム以外）」、「3 号燃料取出開始」を掲げている。

　さらに「廃炉」に関しては 2017 年から 2020 年代初頭まで「廃炉・復

興の本格化」と位置づけ、2021年より「初号機の燃料デブリ取出し開始」「全号機の使用済燃料プール内の燃料の取出しの終了」を掲げ、さらに2020年代初頭から2030年代前半にかけて、引き続き「廃炉・復興の持続的実施」を行ない、「全号機の燃料デブリ取出し終了」（2031～2036年）、「廃棄体の製造設備を設置し、処分場への搬出を開始」を計画している（**図5-3**）。

　国と東京電力がまとめた福島第一原発の廃炉に向けた目標工程「中長期ロードマップ」によると、廃炉作業が終わるのは、2011年から30～40年後を目標としている。2016年11月現在、廃炉作業は1日6,000人の作業員が担当している。いまだ原子炉の放射線量が高く、人が近づけない状況で燃料デブリの状況が把握できていない。

□国民の監視が重要

　「新・総特」は、遠い将来にわたる計画を示している。汚染水対策も計画通り進んでいないし、廃炉に関しても高濃度の放射性廃棄物等の処

図5-3 廃炉に向けた目標工程

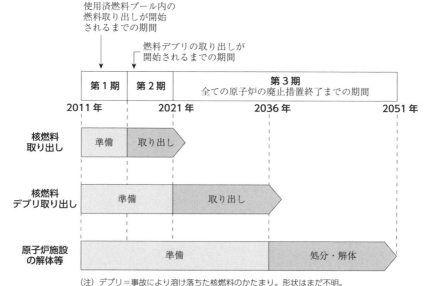

（注）デブリ＝事故により溶け落ちた核燃料のかたまり。形状はまだ不明。
（出所）「福島第一原子力発電所1～4号機の廃止措置等に向けた中長期ロードマップ」等より抜粋

分地も決まっていない。廃炉カンパニーの設置によって原発事故による損害賠償費・廃炉等の巨額の負担を切り離して、これらの廃炉費用負担を免れることのないようにチェックする必要がある。たとえばチッソのときのように親会社の赤字部門を切り離し子会社の黒字部門を引き継ぐ方法が用いられないようにする。

2　資源エネルギー庁における廃炉会計に関する検討

□廃炉についての会計検証

　経済産業省は、2013年7月23日に「廃炉に係る会計検証ワーキンググループ」[15]の初会合を開いた。このワーキンググループでは、廃炉費用を総括原価の中に算入し、電気料金によって回収する枠組みを作ること、廃炉時に巨額の損失の処理規則を決めれば電力会社が早期に廃炉を決断しやすくなる点で意見が一致したという。

　現行の日本の会計制度では電力会社が廃炉を決めると原発の資産価値がなくなり巨額の特別損失が生じる。この見直しでは、この損失の一部を電気料金に算入できるようにすることである。このため廃炉にしても原発の価値をゼロとしないで、廃炉に必要な設備は、「資産」とみなすことを検討した。資産と認められた設備は、減価償却費の計上が可能となり、電気料金への算入も認められることになる。

　この背景には2013年7月に原子力規制委員会が施行する新安全基準を満たせない原発が相次ぐ可能性が出てきたことである。原発を廃炉にすれば、50万トン〜60万トンの廃棄物が出るが、処分地はまだ決まっていない。使用済核燃料など高レベル廃棄物の最終処分地も決まっていない。低レベル放射性廃棄物（格納容器の部品など）の処分地も決まっていない。

　第5回原子力小委員会（2014年8月21日）は、「競争環境下における原子力事業の在り方」について議論し、廃炉に関する会計制度に関して

つぎのような意見を出している[16]。

1. 自由化後でも廃炉を進めるために必要な財務・会計的措置を講ずる。
2. 巨額の損失が一括して生じる制度では事業が成り立たない（廃炉もできない）。
3. 制度設計に際しては、財務・会計の専門的な見地から詳細な検討を行なうべきである。

　以上の点を踏まえて第8回原子力小委員会（2014年10月27日）において電力システム改革が進展していく中で民間事業者（電力会社）が廃炉判断を行なう[17]。

　すでに高経年炉7基の運転期間延長の申請期間が、2015年4月〜7月に設定されていることを踏まえて廃炉を検討した。運転開始後40年が経過した原子炉7基（敦賀1号機、美浜1号機、美浜2号機、高浜1号機、高浜2号機、島根1号機、玄海1号機）について、運転延長の申請を予定していた。

　しかし2015年3月には運転延長を予定していた原子炉7基のうち、美浜1号機、美浜2号機（以上、関西電力）、玄海1号機（九州電力）、島根1号機（中国電力）、敦賀1号機（日本原子力発電）の5基の廃炉を決定した。美浜3号機、高浜1、2号機は運転延長（20年間）を原子力規制委員会に申請した。

□発電と廃炉の関係

発電と廃炉の関係について次のような4つの意見が出されていた[18]。

(1) 廃炉が確実に行われると安心して見ていられるからこそ発電が行なえるのであって、発電と廃炉を一体の事業と見るべき。
(2) 昨年（2012年—筆者）の東電の料金審査において、福島第一原子力

発電所1～4号機の廃炉について、安定化維持費用は料金に入れて、事業者自ら特損として処理したものは料金に入れずに、ある意味自主カット的な扱いだった。その際、廃炉の作業も電力会社の活動の一環として事業目的に適うものとして、電力の安定供給に資することとした。

（3）廃止措置の期間も電気事業を継続するための期間と考えた場合、これも含めて事業の一環と捉えられるのではないか。原子力の特殊性についてどこまでコンセンサスを得られるのかというのが重要なポイント。

（4）発電終了後、廃炉のための設備が必要で、場合によっては追加で設備を取得する必要がある、という点は理解した。むしろ運転終了してすぐに減価償却が止まったということが不自然に思える。解体引当金についても同じ印象を受けた。

　上記の4つの意見を踏まえて発電と廃炉の関係について次の3点に整理している[19]。

（1）原子力発電については、ひとたび発電を開始すれば、運転終了後も一定期間にわたって放射性物質の施設外への拡散防止や遮へいなどの安全機能の維持が必要。廃止措置は原子炉等規制法に基づく原子炉設置者（電力会社）の義務であり、義務を履行できないと想定される場合、法律的にも社会的にも発電事業を継続していくことは困難。

（2）したがって、長期にわたる廃止措置が着実に行われることが電気の供給を行なうための大前提であり、廃炉となる原因如何に関わらず、発電と廃炉は一体の事業と見ることができるのではないか。

（3）以上を踏まえれば、廃止措置中も電気事業の一環として事業の用に供される設備の減価償却費や引当不足の解体引当金について、「能

率的な経営の下における適正な原価」の範囲で、廃止措置期間の電気料金原価として認めて回収する制度が適切ではないか。

このように発電と廃炉の関係は一体の事業として見たうえで、原発の廃止措置中も電気事業の一環として設備の減価償却費や引当不足の原子力施設解体引当金について、適正な原価の範囲で廃止措置期間の電気料金原価に含めて回収する制度的枠組みを設定している。

ここでは発電と廃炉の関係を一体の事業として捉えている。しかし原発は事故炉でない場合でも、発電はストップし、再稼働の見通しがないか審査中である。減価償却費や原子力施設解体引当金の計上の前提は、その設備を使用しており、稼働していることが前提であると考える。

□電気料金への転嫁を合理化
以上の枠組み設定の結果、つぎのように設備の減価償却費を電気料金に転嫁できるように合理化している[20]。

(1) 原子力発電所が運転している間、原子力発電設備の主な設備については、耐用年数を 15 年とする定率法で減価償却が行なわれており、この減価償却費は料金原価項目に含めることとなっている。

(2) 今回の検討によって、廃止措置中も電気事業の一環として事業の用に供される設備について運転終了後も減価償却を継続することとなれば、運転終了後は、運転終了時の残存簿価（A）から発電のみに使用する設備の簿価（B）を減じた額（A―B）が各期に費用配分されることとなる。

(3) この減価償却費は、①運転中に原価算入されている減価償却費より大きくならないことから、廃炉を決定する前の電気料金に対しては追加負担の要因とはならない。一方、②運転終了時の残存簿価が特別損失として処理され料金原価に算入されないときと比較すると、

追加負担となる。

つぎに事故炉の廃止措置に向けて新たに取得する設備の償却による、電気料金の負担についてつぎように検討している[21]。

(1) 東京電力福島第一原子力発電所1～4号機の廃止措置関連費用の全体像については、現段階では、各工程の具体的な費用の積み上げによる総額の見積りは困難とされているが、現時点で合理的な見積りが可能な範囲で、これまで計9,469億円を計上済み。廃止措置に向けて新たに設備を取得する費用についても、この内数として、今後も必要な支出を行っていくことが見込まれている。

(2) ただし、今回の見直しにより、廃止措置中も電気事業の一環として事業の用に供される設備について、運転終了後も減価償却を行うものとして整理されることとなれば、例えば東京電力の場合、上記の引当において見積られた設備のほかに事故炉の廃止措置に向けて新たに設備の取得が必要となる場合には、この減価償却費が追加的に原価算入され得ることとなるため、追加負担の要因となる可能性がある。

東京電力の事故炉の現時点での見積りは、9,469億円で特別損失に計上済みといわれ、また事故炉の廃止措置に向けて取得した設備については、その減価償却費を料金原価に含めることとしている。

また原子力発電施設解体引当金の引当方法の変更及び運転終了後の引当継続による電気料金の負担についてつぎのように述べている[22]。

(1) 原子力発電施設解体引当金については、発電所一基毎の発電実績に応じて引き当てることとしており、これによって生じる原子力発電施設解体費は料金原価項目に含める。

（2）今回の検討によって、原子力発電所の稼働状況に関わらず着実に引当を進める観点から定額法又は定率法とし、運転終了後も実際に解体が本格化するまでの間は引当を継続することとした場合、①運転中は、通常、想定通りに稼働することを念頭に料金原価に算入されていることを前提とすれば、廃炉を決定する前の電気料金に対して追加負担の要因とはならない。一方、②運転終了時に引当金が十分な額に達しておらず未引当相当額が特別損失として処理され料金原価に算入されなかったときと比較すると追加負担となる。

原子力発電施設解体引当金は一基ごとに発電実績に応じて引当てるので、稼働しないで廃炉では引当てが困難であるために、定額法または定率法に変更して引当を継続している。

3　原子力発電施設解体引当金と資産除去債務との関係

□原則的な資産除去債務の費用配分方法

資源エネルギー庁は、2013 年 7 月に資産除去債務と原子力発電施設解体引当金との関係を次のように整理している[23]。

（1）平成22年度に一般的な会計ルールとして資産除去債務の会計制度が導入され、法令等に基づき有形固定資産の除去が義務づけられている場合は①その除去費用を負債（資産除去債務）として計上し、②同額を関連する有形固定資産の帳簿価額に加えることとし、③その加えた額は減価償却を通じて、当該有形固定資産の残存耐用年数にわたり、各期に費用配分することとされた（**図表 5-4**）。

（2）原子力発電施設については、「核原料物質、核燃料物質及び原子炉の規制に関する法律」（法律第 166 号）、において除去（廃止措置）義務が課されていることから、資産除去債務に関する会計基準の適用

対象となっている。

（3）　一方で、平成元年の解体引当金省令の制定以来、電力会社は省令に基づき廃炉費用を生産高比例法により費用配分することとしていたが、資産除去債務制度の適用後も、世代間負担の公平性に鑑みれば、生産高比例法による費用配分の方法が適切と考えられたことから、資産除去債務に関する会計基準の適用指針第8号の適用により、従来の費用配分の方法（生産高比例法）を継続することとした（**図表5-5**）。

□勘定科目の変更

つぎに東京電力の2013年度の決算書により、原子力発電施設解体引当金勘定から資産除去債務勘定へ移行している点について見ていこう[25]。

将来の原子力発電所の廃炉に備えて、従来から原子力発電施設解体引当金が計上されてきたが、2011年3月期から会計基準の変更によって資産除去債務が計上されている。

福島第一原子力発電所事故による同発電所1〜4号機は、廃止に向けた中長期ロードマップに沿って取り組みを進めているが、大量の汚染水

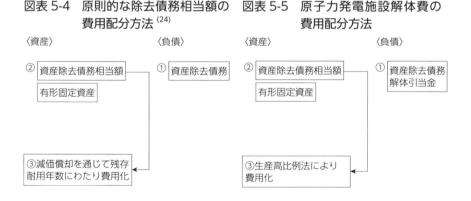

図表 5-4　原則的な除去債務相当額の費用配分方法[24]

図表 5-5　原子力発電施設解体費の費用配分方法

の保管・処理や燃料デブリの取出しなど困難な課題がある[26]。このことから中長期ロードマップ通りに進まない可能性があるといわれる。このために東京電力の「グループの業績、財政状態及び事業運営に影響を及ぼす可能性がある」[27]。また「福島第一5・6号機廃止損失398億円を特別損失に計上した」[28]。

「核原料物質、核燃料物質及び原子炉の規制に関する法律」（法律第166号）にもとづき原子力発電の廃止を前提に計上している資産除去費用は、「資産除去債務に関する会計基準の適用指針」（企業会計基準適用指針第21号、2008年3月31日）第8項を適用し、「原子力発電施設解体引当金に関する省令」（経済産業省令）の規定に基づき、これまで原子力発電施設解体費の総見積額を発電設備の見積運転期間にわたり、原子力の発電実績に応じて費用計上する生産高比例法によっていたが、2013年10月1日に「電気事業会計規則等の一部を改正する省令」（経済産業省令）が施行された。この省令の施行日以降は、見込運転期間に安全貯蔵予定期間を加えた期間にわたり、定額法による費用計上の方法に変更した。なお、この変更による会計上の遡及・適用は行わない。会計年度末の原子力発電設備及び資産除去債務は、それぞれ1,130億300万円および1,223億8,000万円減少している[29]。

4　世界主要国の廃炉費用の積み立て方法

□世界では定額法で費用化計算

つぎに世界の主要国における原子力発電所の廃炉費用の積立方法（**図表5-6**）を見ると、原子力発電を行う主な諸外国においては、いずれも資産除去債務会計基準を採用している。発電量によらず、すべて定額法を用いて、規則的に費用化している。費用化の期間は、ドイツが一番短く30～40年、米国・フランスが40年（当初40年とし、60年まで延長）、イギリスが、35～40年（当初35年、40年とし10年延長、15年延長）となっ

ている。

　ドイツでは原子力法を改正し、現有17基の電子炉のうち2011年8月6日までにまず8基の稼働を停止、残り9基を2015年、17年、19年に各1基、2021年、2022年に各3基を段階的に廃炉していくことを決定した（原子力法第7条1項）。「原子炉の停止・閉鎖・解体と使用済核燃料、放射性廃棄物の処理に要する費用の確保・負担については、原子力法第9a条1項に規定の当事者責任（発生者負担）原則（Verursacherprinzip）から、全面的に原子力発電事業者がその義務を負うこととされている。こうして、いわゆるバックエンド費用のための資金準備は、事業者が貸借対照表上、所要の会計処理―原子核引当金（nuklearruckstellung）の設定を通じて行なうこととなる。」[30]

　ドイツの廃炉引当金会計の実務（**図表5-7**）は、原子力発電施設の停止措置費用を、当該固定資産の取得、製造原価に算入した上で、耐用期間にわたって費用化していくとしている。IFRS／IASに準拠して行われる。廃炉引当金の会計的意味について「資産除去債務会計は、廃炉措置がもっぱら不可避の『法的義務』であることから、廃炉という将来事象を『発生の可能性の高い（probable）将来経済便益の犠牲』・負債と捉え、その同額を資産原価に算入する処理法であり…費用・損失の早期・拡大計上を可能にする資産・負債アプローチと期待キャッシュ・フロー・アプローチの複合論理ということができよう」[31]と指摘されている。

図表5-6　各国における原子力発電所の廃炉費用の積立方法

	米国	フランス	ドイツ	イギリス
料金	規制・自由	自由	自由	自由
専用化の方法	定額法	定額法	定額法	定額法
費用化の期間	40年 ＊当初40年とし、60年まで延長	40年 ＊当初40年とし、60年まで延長	30〜40年程度	35年〜40年 ＊当初35、40年とし、10年、15年延長

（出所）資源エネルギー庁『電気料金に対する基本的な考え方』2013年7月、15ページ。

図表 5-7　ドイツ原子力事業の会計実務

	E.ON AG (エーオン社)	Vattenfall Europe AG (バッテンフォール・ ヨーロッパ社)	RWF AG (ライン・ヴェスト ファーレン電力会社)	EnBW AG
決算書の作成基準	IFRS に基づいて作成している。	IFRS に基づいて作成している。	IFRS に基づいて作成している。	IFRS に基づいて作成している。
貸借対照表	核エネルギー領域除去引当金を一括計上する。		核エネルギー領域除去引当金 　　長期 　　短期	
付属説明書	民法上の契約締結済除去引当金　未契約除去引当金 ①　使用済核燃料棒除去 ②　使用済核廃棄物除去 ③　原子力発電所施設の除去 ①　③は有形固定資産の原価に算入。	棚卸資産のなかに核燃料棒の額を示し、消費分を当期の費用に計上する。 ①　使用済み核燃料棒除去 ②　ー ③　原子力発電所施設除去コスト（有形固定資産の原価算入）	E.ONAG と同じ 割引率は 5%	公法上の義務のあるもの 事業認可による条件のあるもの 原子力関連除去引当金 ①　③のコストの割引価値を始動時に生産設備の原価に算入し、規則償却する。 ②　割引率は 5.4%

(注)　2012 年連結決算書より。
(出所)　(1)五十嵐邦正「ドイツ原子力事業の会計」『会計』第 184 巻第 6 号 2013 年 12 月 1 日、2-3 ページより。
　　　　(2)佐藤博明「ドイツにおける廃炉措置会計の制度と実務」『会計』第 188 巻第 2 号 (2015 年 8 月)109-123 ページより。

　また、アメリカの廃炉に関する会計（SFAS 143）では、「廃炉費用を原発の取得において不可欠なものと捉え、原発の取得と廃炉とを一取引として認識することにより、原発簿価に性質の異なる取得代価、取得に伴う付随費、廃炉費用が一括して算入され、当該原子力発電施設全体として将来の経済的な便益（＋安全性、環境汚染防止）をもたらすことが可能となる。また、その後原発稼働に伴い、廃炉費用を耐用年数にわたって減価償却により配分するという会計処理が可能となる」。[32]

□原子力発電施設解体引当金に関する省令

　日本の場合、原子力発電所は、「原子力発電施設解体引当金に関する省令」に基づき、運転期間 40 年に安全貯蔵期間 10 年を加えた期間を原

則的な引当期間とし、定額法で引き当てを行ない、料金を回収する[33]。経済産業省によると原発の廃止措置の費用は、小型炉（50万kw級）が350億から476億円程度、中型炉（80万kw級）が434億〜604億円程度、大型炉（110万kw級〜138万kw級）が558億〜834億円程度の金額となっている[34]。

　2013年7月に資源エネルギー庁は、「電気料金に対する基本的な考え方」（資料）を示した[35]。算定された総原価は、一般電気事業供給約款料金算定規則に基づき、自由化部門と規制部門の費用に配分され、配分された費用の合計額と料金収入が一致するように、規制料金の各メニューが設定される[36]。

　この総括原価の中に「（原子力発電設備の）減価償却費」や「原子力発電施設解体費」を算入する。この「原子力発電施設解体費」は、原子力発電施設解体引当金を引き当てたときに生ずる費用項目である。

　通常の廃炉の場合、発電と廃炉を一体の事業と考え、原発の減価償却費や引当金繰り入れ料金原価に含める。運転終了後の残存簿価から発電のみ使用する設備を減じた額を各期に費用配分する。

　事故炉の廃炉の場合、東電の場合では特別損失に見積り計上した。原子力発電施設解体引当金は、発電実績に応じて引き当てるが、原発が稼働していることが前提となる。このことから生産高比例法から定額法への変更が考えられた。この変更をしたのは事故炉の場合、原発が稼働していないため発電実績がなく生産高比例法では原子力発電施設解体引当金の計算ができないからである。このため定額法に変更した。また廃炉に向けて取得した減価償却費は料金原価に含める。

5　東京電力の廃炉等と電気料金

□資本金と借入金が極大化
廃炉費用の料金原価への算入は、その背景に電力会社の悪化した財務

状況がある。そこで東電の原子力発電事故による原子力損害賠償及び廃炉等による財務状況の例を中心に見ていこう。東京電力の連結貸借対照表（2014年3月期）を見ると、「損害賠償支援機構」に対する未収原子力損害賠償支援機構資金交付金が前期比2,100億円も増加し、1兆1,018億円に膨張している。負債では原子力損害賠償引当金も前期比2,020億円減少し1兆5,636億円となっている。資産除去債務も同1,123億円減少し7,142億円になった。株主資本（自己資本）を見ると、資本金は前期と同じ1兆4,009億円で変化していない。この資本金の増加は、「損害賠償機構」による優先株の引き受けがあったことによる。利益剰余金は増えているが、当期純利益が4,386億円生じたことによる。2013年3月期は、赤字であったが、2014年3月期には、主として電気料金の値上げによって営業収益（売上高）が大幅に増大したためである。

　東京電力の連結損益計算書を見ると、2013年から2014年にかけて当期純利益が6,852億円の赤字から4,386億円の黒字に転換している。これは、料金値上げによる営業収益が6,652億円も増加したこと、「原子力損害賠償支援機構資金交付金」による特別利益が9,689億円も増加したことによる。この交付金を特別利益として計上しているが、東京電力は、後で交付金の返済を義務づけられているので特別利益として計上することに疑問が残る。

　東京電力はこのように「損害賠償機構」による資本投入により純資産が多く、またメインバンクの三井住友銀行、みずほ銀行、日本政策投資銀行、三菱東京UFJ銀行、日本生命保険などの金融機関からの長期借入金が2兆8,808億円（2014年3月期）に達している。東京電力への融資額は2014年3月末には5年超の長期借入金だけでも1兆1,897億円もある。銀行融資の条件として東京電力は経常黒字にすること、そのために人員削減や原発の再稼働による黒字達成が前提とされていた。また金融機関はこれまで東日本大震災直後の2011年3月に東京電力へ融資する際、「国の損害賠償責任がある点」を見た上で2兆円の融資をした

と考えられる。

　図表 5-8 によると東京電力の総括原価と実際の営業費用とは、金額が異なっている。総括原価は 2012 年から 2014 年の 3 ヵ年の平均値（見積り）によって計算される。実際の営業費用も 3 ヵ年の平均値である。総括原価の燃料費、廃棄物処理費は実際の営業費用に比べて少ない。規制部門の料金申請時の総括原価と実際の営業費用とは、2012 年申請の東電の金額が実際の金額と異なっている。総括原価の燃料費 2 兆 4,704 億円に対して実際の LNG の燃料費が 2 兆 6,635 億円で見積りよりも多く費用がかかった。逆に修繕費は、見積りの総括原価のほうが 1,233 億円ほど多くなっている。原子力バックエンド費用は、総括原価が、668 億円に対して実際の費用は 936 億円で実際のバックエンド費用が多くかかっている。原子力発電施設解体費は、総括原価が 52 億円、営業費用が 189 億円で多くなっている。東京電力の営業収益は 6 兆 6,314 億円であるのに対し総括原価は 5 兆 7,624 億円である。総括原価よりも実際の営業収益が多くなっている。また東京電力が申請した規制部門（家庭等）の電気料金値上げ率は 10.28％[37] で高く利益実現に貢献している。

6　今後の課題

□廃炉費用の消費者負担や、本体から分離の動きを注視

　経済産業省は、2015 年 3 月に電気事業法の省令を改正し、原発を廃炉にするとき、一括費用計上分を 10 年間に均等償却できるように会計制度を改正した。このため廃炉中も格納容器などの設備（全体の半分）は、運転終了後も減価償却費を計上できるようにした。この減価償却費は、規制料金制度のもとで総括原価に算入され電気料金として回収される。

　また電力自由化後も廃炉費用を電気料金に計上できるように委員会等で検討してきた結果である。自由化後は託送料の中に廃炉費用を加える

図表 5-8　東京電力の総括原価と実際の営業費用の比較

（単位；100 万円）

事項	総括原価	実際の営業費用
○人件費	3,488	3,562
○燃料費	24,704	26,635
○修繕費	4,205	2,972
○公租公課	3,048	2,843
○減価償却費	6,281	6,214
○購入電力料	7,943	8,625
○その他経費	6,569	6,268
○原子力バックエンド費用	668	936
・原子力発電施設解体費	(52)	(63)
・廃棄物処分費	(100)	(253)
・核燃料再処理等発電費	(515)	(620)
△控除収益	▲ 2,097	▲ 1,425
○事業報酬	2,815	▲ 2,314
合計	57,624	54,316

（注）(1) 営業費の合計金額は、各項目の合計とは一致しない。控除収益には託送収益、電気
事業雑収益等を含む。
　　　(2) 実際の営業費用の金額は有価証券報告書（東京電力、2012 年 3 月期〜 2014 年 3
月期）による各営業費用は 3 カ年の平均値である。
　　　(3) 総括原価は、下記の総合資源エネルギー調査会の資料による。総括原価の各項目は、
2012 年〜 2014 年の 3 カ年の平均値である。
（出所）総合資源エネルギー調査会電気料金審査専門委員会『東京電力株式会社の供給約款
変更認可申請に係る査定方針案』2012 年 7 月 5 日。

　ことによって回収できるようにする。「競争が進展する中においても総
括原価方式の料金規制が残る送配電部門の料金（託送料金）の仕組みを
利用し、費用回収が可能な制度とする」[38] ことが考えられている。
　2011 年 3 月 11 日の東電の原子力発電事故によって廃炉問題がクロー
ズアップされ、巨額のゆえに特別損失として廃炉コストを計上すると債
務超過に陥るとの議論が行なわれた。このために廃炉費用を特別損失で
なく、電気料金で回収できないかの議論が起こった。資源エネルギー庁
をはじめ消費者庁、内閣府消費者委員会、全国消費者団体連絡会等にお
いて廃炉費用や減価償却費・引当金、電気料金等について検討されてき
た。経済産業省は、電気料金で廃炉費用が回収できるような会計的枠組

みを作り、制度的に消費者に廃炉費用を転嫁している。東電は、廃炉以外にも損害賠償の支払いがある。このため東電は、「損害賠償機構」から資金援助を受けている。政府系「損害賠償機構」による優先株の引き受けや「交付金」そして銀行による融資によって「経営危機」を乗り切っている。さらに電気事業会計規則によって電気料金で廃炉費用を回収できるような会計的枠組みを作ったのである。このように日本の廃炉費用は電力会社の負担といわれているが、最終的には廃炉費用は、総括原価を通して消費者の負担にしている。この点でドイツやアメリカの廃炉費用の負担が電力会社にあるのと異なっている。

　経済産業省は、電気料金制度によって廃炉費用を回収できる会計的枠組みを作った。今後電力自由化や電力会社の組織改革が進んでいく中で巨額の廃炉費用等を本体から切り離して黒字化しないよう注視したい。

（注）
(1)　(2)　角瀬保雄・谷江武士『東京電力』大月書店、1990 年 11 月、94—95 ページ。
(3)　森川博「原子発電の会計—その基本的性格」『新しい時代の企業像』和歌山大学、1980 年、178 ページ。
(4)　角瀬保雄・谷江武士、前掲書、95—97 ページ。
(5)　『日本経済新聞』1990 年 2 月 19 日。
(6)　角瀬保雄・谷江武士、前掲書、71—73 ページ。
(7)　谷江武士・青山秀雄『電力』大月書店 2000 年 9 月、70—73 ページ。
(8)　「日本経済新聞」1999 年 9 月 7 日。谷江武士・青山秀雄、前掲書 70 ページ。
(9)　『電気新聞』1999 年 6 月 29 日。谷江武士・青山秀雄、同上書 71 ページ。
(10)　谷江武士・青山秀雄、同上書 71 ページ。
(11)　「日本経済新聞」1999 年 2 月 9 日。
(12)　谷江武士・青山秀雄、前掲書、72 ページ。
(13)　総合資源エネルギー調査会電気事業分科会コスト等検討小委員会は、「バックエンド事業全般にわたるコスト構造、原子力発電全体の収益性等の分析・評価——コスト等検討小委員会から電気事業分科会への報告——』2004 年 1 月 23 日を発表し、初めてバックエンド事業全般の見積りコストを明らかにした。
(14)　東京電力と原子力損害賠償支援機構「新・総合特別事業計画」2013 年 12 月 27 日。
(15)　総合資源エネルギー調査会　電力・ガス事業分科会　電気料金審査専門小委員会　廃炉に係る会計制度検証ワーキンググループ第 1 回会合議事録、2013 年 7 月 23 日。

(16)（17）総合資源エネルギー調査会　電力・ガス事業分科会，第10回原子力小委員会議事録。

(18) 総合資源エネルギー調査会　電力・ガス事業分科会　電気料金審査専門小委員会廃炉に係る会計制度検証ワーキンググループ第1回会合議事録、資料3、2013年7月。

(19)（20）同上、議事録、資料3。

(21) 同上、議事録資料3。廃炉に係る会計制度検証ワーキンググループ第2階会合（2013年8月6日）では、事故炉については、東京電力の福島第一原発1号機から4号機の廃止措置関連費用については見積りで合計9,600億円計上済みで、特別損失で処理されていると述べられている。

(22)（23）同上、議事録資料3。中部電力の解体引当金制度から資産除去債務基準への移行に関して、平野智久「原子力発電施設の廃止措置に関する会計問題」『商学論集』第83巻第3号、2014年12月、7～9ページ。

(24) 同上、議事録資料3。「資産除去債務に関する会計基準の適用指針では特別の法令等により除去に係る費用を適切に計上する方法がある場合には適用指針第8号を適用する。この第8号では「特別の法令等により、有形固定資産の除去に係るサービス（除去サービス）の費消を当該有形固定資産の使用に応じて各期間で適切に費用計上する方法がある場合には、当該費用計上方法を用いることができる。ただし、この場合でも、会計基準の定めに基づき、当該有形固定資産の資産除去債務を負債に計上し、これに対応する除去費用を関連する有形固定資産の帳簿価額に加える方法として計上しなければならない。また、当該費用計上方法については、注記する必要がある。」と規定している。

(25) 有価証券報告書（東京電力）2014年3月期。「固定資産の取得時に、資産除去債務と同額を資産計上するという点では、貸借対照表へ影響を及ぼし、また過大な減価償却費によって期間損益を歪めるという形で損益計算へも影響を与えることになるのである。」（山﨑真理子「資産除去債務」『内部留保の研究』唯学書房、2015年9月、244ページ）。

(26)（27）（28）同上。

(29) 電気事業法に基づく「電気事業会計規則等の一部を改正する省令」第28条の2第1項および第2項では「原子力廃止関連仮勘定」、および「10年間均等償却する」ことを規定している。

(30) 佐藤博明「ドイツにおける廃炉措置会計の制度と実務」『会計』第188巻第2号（2015年8月）、111ページ）。

(31) 佐藤博明、前掲稿、121ページ。

(32) 植田敦紀「原子力発電施設の廃炉に関する会計──資産除去債務の会計を基礎として──」『会計』第185巻第1号、2014年1月、96ページ。

(33) 資源エネルギー庁「廃炉を円滑に進めるための会計関連制度の課題」2014年11月、11ページ。

(34) 同上。

(35)（36）総合資源エネルギー調査会　電力・ガス事業分科会　電気料金審査専門小委員

　会　廃炉に係る会計制度検証ワーキンググループ第 1 回会合議事録、資料 3、2013 年 7 月。
（37）総合資源エネルギー調査会「東京電力株式会社の供給約款変更認可申請に係る査定
　　方針案』2012 年 7 月 5 日。なお、政府は、規制部門の平均値上げ率を東京電力が申請
　　した 10.28％から 8.46％に縮小した（電気事業連合会『電気事業便覧平成 26 年版』2014
　　年 10 月 31 日、138 ページ）。
（38）経済産業省総合資源エネルギー調査会、廃炉に係る会計制度検証ワーキンググルー
　　プ「原発依存度低減に向けて廃炉を円滑に進めるための会計関連制度について」2015
　　年 3 月、4 ページおよび 10 ページ。

第6章

電力会社の総括原価方式と
電気料金の負担
──原子力発電と関連して──

　日本の電力会社では、電気料金設定において総括原価方式を採用してきた。1933 年の逓信省・電気委員会の「総括原価計算」、1958 年の電気料金算定のレート・ベース方式、2000 年 3 月に総括原価に加えてヤードスティック方式が導入された。さらに 2011 年の東日本大震災・東京電力福島第一原子力発電所（以下、原発と呼ぶ場合もある）事故以降において総括原価と電気料金との関連を解明することが重要となっている。ここでは、2011 年の東日本大震災・原子力発電事故以降の総括原価の算入項目と電気料金について、理論的実証的に見ていこう。とりわけ値上げの根拠となるレートベース（東京電力）の中に日本原燃への前払金の算入について見ている。

1　総括原価方式採用の歴史的経緯

□総括原価計算の誕生──利益の保障
　電力会社における電気料金の基準としての総括原価計算が導入された。この導入は第 2 次世界大戦以前の総括原価計算においてであった。戦前

の 1933 年に電気委員会（逓信省）では「料金認可基準」のなかに電気料金の基準として「総括原価計算」を導入した。この計算では電気事業の利潤を 2％に制限しようとする条項が入っていた[1]。

　ついで第 2 次世界大戦後の状況について見ると、1958 年 12 月の「電気料金制度調査会答申」では、料金算定にあたってガス事業や米国の電気事業に倣い、それまでの「積上げ方式」（支払利息、配当金等の実払額を原価算入する方式）からレート・ベース方式の採用などの点を提言した。

　　（注）レートベース方式
　　　　レートベースは、固定資産＋建設中の資産＋核燃料資産＋繰延資産＋運転資本＋特定投資の総額である。適正利潤（事業報酬）とは、レートベース×報酬率によって計算される。総括原価は、減価償却費＋営業費＋諸税＋適正利潤によって計算され、これを基にして電気料金を計算する。

　この答申にもとづいて 1960 年 1 月に「電気料金制度改正要綱」が定められ、「事業報酬は、従来、支払利息、配当金および利益準備金の合計をもって事業報酬とする、いわゆる積上方式から、『企業の努力を刺激する』見地から事業に投下された真実かつ有効な事業資産の価値（電気事業固定資産、建設中の資産、繰延資産および運転資本について算定した額の合計額）に対して一定の報酬率を乗じて得た額を事業報酬とするレート・ベース方式が採用された。この場合の報酬率は、電力会社の資本構成比率、一般利子率、企業収益率、その他諸般の事情を考慮して 8％とされ、また、再評価積立金相当額に対して 4％の報酬が認められ」[2]た。

　さらに総括原価方式の経緯を見ると、電力の部分自由化のもとでヤードスティック方式（この方式は一定の尺度を意味し、効率化努力目標額をいう）が 2000 年 3 月に導入された[3]。この背景には 1995 年に電気事業法が改正され規制緩和の一環として電力自由化が進められた。この電力自由化は、電気料金の内外価格差を縮小させるために「競争原理」を入れた上で、総括原価においてヤードスティック方式を導入した。

　1995 年の電気事業法改正以降から現在までの電力会社の経営財務の特徴を示すと次のようである。

(1) 地域独占と電力の部分自由化は電気料金（総括原価とヤードスティック方式）に反映する。ヤードスティック方式では効率化努力目標の設定を行い、電気料金の値下げによって日本企業の国際競争力を高めることにあった。

(2) 電力会社は、地域独占が認められるかわりに電力の安定供給が義務付けられている。安定供給のためには、毎年巨額の設備投資が行われてきたが、1995年以降になると設備投資が減少傾向にある。設備投資に対して減価償却費が計上され、この減価償却費が総括原価のなかに算入されて、電気料金が決められるので、確実に設備投資資金が減価償却費の計上により回収されることになる。また事業報酬（利潤）も総括原価に算入され、利潤が確実に保証される。

(3) 1970年頃から石油火力から原子力発電重視へと移っていった。つまり石油危機以降に日本はエネルギー政策を原子力発電重視に切り替えた。1980年代には「電源ベストミックス」のもとで原子力発電コストが安いといわれ、ベース電源供給力として原子力発電が位置づけられた。

(4) さらに電力会社の財務構造の変化を見ると、電力自由化によって電力会社の財務構造は、設備投資が大幅に減少したことである[4]。長期借入金や電力債の発行により資金調達し、また内部資金（減価償却費や内部留保利益）により設備投資をしている。このような資金調達・運用は、総括原価方式によって投下資本が減価償却費により回収され、事業報酬（利潤）が保証されるという計算構造となっている。さらに2000年3月の電力の部分自由化以降は、設備投資が大幅に減少している。

(5) 電力の部分自由化によってエネサーブなどの事業体が発電事業に参入し、電力会社の送電線を利用することによって送電し売電することが認められた。新たに電力会社以外の事業体が電力事業に参入することによって電力の地域独占体制に風穴を開け、競争原理の導

入によって電気料金を引き下げることを意図したのである。しかし新しい電力事業体は、電力会社に十分に対抗することができなかった。

（注）エネサーブ
　1965年12月創業、資本金は76億2,950万円、従業員数は166名、売上高は188億円である（2016年3月期）。本社は滋賀県大津市にある。大和ハウス工業の完全子会社。2001年8月に東証1部に上場した。

料金引き下げのための「ヤードスティック方式」は、十分機能をすることができなかった。このヤードスティック方式は、従来の総括原価に電力会社の合理化効果を反映させ、経営合理化を達成した電力会社は、利潤を総括原価に反映させ内部留保に回すことができる。経営合理化を達成できなかった電力会社は、利潤を総括原価に反映できないとされた。

□電気料金値上げと政府機関（経済産業省）

さらに2011年以降の電力会社の総括原価と電気料金との関連について見ていこう。

東日本大震災・東京電力福島第一原子力発電所の事故のもとで巨額の特別損失により電力会社の財務構造に大きな変化が生じた。原子力発電事故により総括原価が増大し、これを電気料金に反映している。東京電力の原子力発電事故以降の財務構造を見ると債務超過に陥らないように、国や他の電力会社から「原子力損害賠償支援機構」を通じて資金援助が行われた。

しかし、この援助金は東京電力が利益をあげたうえで後で返済しなければならない。

また総括原価の中に各種の原子力バックエンド費用や援助金による賠償費用などを算入すると、電気料金の値上げが生ずる。

東京電力では電気料金の値上げが2012年9月に行なわれたが、関西電力、九州電力等の他電力会社もこれに追随して2012年暮れに電気料金の値上げ申請が行われている。この電気料金の値上げ申請については、

政府機関（経済産業省）等で現在検討[5]されている。

　2013 年 2 月には、経済産業省電力システム改革専門委員会報告書（案）が「発送電分離」（法的分離）を発表した[6]。

　　（注）発送電分離
　　　発電事業と送電事業とを分離すること。2015 年 6 月 17 日に改正電気事業法が参議院で成立した。電力改革は、2015 年に地域をまたいだ電力融通を円滑化した。2016 年に電力小売を全面自由化、2020 年に発送電分離、2020 年以降、小売り料金の規制を撤廃する。

2　総括原価方式と電気料金への算入

□電気事業の 3 原則

　電気料金の根拠規定については、電気事業法第 19 条（一般電気事業系の供給約款等）に規定されている。電気事業法第 19 条では、「一般電気事業者は電気の料金その他の供給料金について供給約款を定め、通商産業大臣の認可を受けなければならない」と規定し、合理的な料金設定を義務づけている。この料金設定の要請のもとに原価主義の原則、公正報酬の原則、電気の使用者に対する公平の原則の 3 つがあげられる。

　この 3 つの原則は、電気事業をはじめ独占的な公益事業に摘要される原則である。

　原価主義の原則は、「料金が能率的な経営の下における適正な原価に適正な利潤を加えたもの」（電気事業法第 19 条）である。この原価主義の原則は、総括原価主義と個別原価主義の 2 つに分かれる。総括原価主義とは、発電から販売にいたる全ての費用に事業報酬を加えた合計額から「控除収益」を差し引き、さらに自由化部門の供給に必要な原価を差し引いたものをいうが、この総括原価と料金収入とが見合う必要があることを意味する。

　さらに電気料金は、個別原価主義に基づいて各需要種別間および各電気の使用者に不公平にならないように供給電圧、電気の使用態様等の負

荷の特性を反映する基準に基づいて合理的に配分された個別原価に準拠して、公正妥当に決められる必要がある。

つぎに公正報酬の原則について見ると、事業報酬は、総括原価の構成要素として料金原価に織り込まれている。この公正報酬を決定するには、レートベース方式がとられている。

「事業報酬」は特定固定資産、運転資本、建設中の資産、核燃料試算、特定投資からなるレートベースに一定の報酬率を乗じて算定される。このような料金原価の計算は、総括原価方式といわれる。

最後に「電気の使用者に対する公平の原則」は、「消費者に対する料金は公平でなければならない」という意味である。このため各需要種別に適正な原価配分を行ない、これに従って料金を定めることになっている。ただ大規模工場と家庭の電気料金とは格差がある。家庭の電気料金の方が高い。電気料金は家庭の電灯料金が 21.3 円／ kWh であるのに対して企業などへの電力料金が 14.6 円／ kWh である[7]。

□適正な原価、適正な利潤？

電気事業法第 19 条第 1 項の規定を具体的に示したものとして「一般電気事業供給約款料金審査要領」（1995 年 10 月制定、2012 年 3 月改正）（以下「料金審査要領」と略す）がある。これに基づいて経済産業省資源エネルギー庁が申請内容の審査を行なってきた。さらに料金算定ルールの省令化（1999 年 12 月公布）が行なわれた。

この「料金審査要領」は、電気事業法第 19 条第 2 項第 1 号の「料金が能率的な経営の下における適正な原価に適正な利潤を加えたものである」点についての審査を行なう。これを算式で表すと以下の様である。

料金原価＝適正な原価＋適正な利潤

経済産業省資源エネルギー庁（一般電気事業供給約款料金算定規則）

図表 6-1　総括原価の内容

費　目	内　容
減価償却費	巨額の設備投資により生ずる固定資産にたいして、商法上の「相当の償却」を行なう。定額法、定率法によるが、特別償却費の計上が認められている。
人件費	原価算定期間中の人員計画をもとに、合理化を見込んで算定される。退職給与引当金も含める。
燃料費	汽力、内燃力発電に使用する火力燃料費および原子力発電に使用する原子燃料に要する費用を含んでいる。
その他の費用	契約や協定、そして覚書などによる補償義務にもとづいて支出する費用である。
事業報酬	レート・ベース（料金基礎）方式により計算する。このレート・ベースは電気事業固定資産、核燃料資産、建設中資産、繰延資産、運転資本および特定資産の合計額が用いられ、この合計額に報酬率を乗じたものを事業報酬とする。この報酬率は年 3.0％になっている。

（出所）筆者作成

　（2012年11月16日改正）の省令により、電力会社は特定の営業費用を適正な料金原価に算入する。この料金原価には、事業報酬部分（適正な利潤）も含まれる。「事業報酬」は運転資本や建設中の資産などからなるレートベースに一定の報酬率（現在、3％）を乗じて算定される。

　このように電気料金の決定は総括原価方式に基づいている。**図表 6-1**のように総括原価は、発電から販売に至るまでにかかる減価償却費（定額法や定率法による。特別償却費等も認められる）や修繕費、人件費、燃料費（火力燃料や原子燃料そして新エネルギー等燃料に関する費用を含む）、その他の費用（契約や協定そして覚書等による補償義務に基づく支出費用）、廃物処理費、補償費、研究費等を積み重ね、それに事業報酬（利益にあたる）を加えて計算する。この合計額から控除収益（託送収益、地帯間販売電力料等）を差し引いたものが総括原価である。この総括原価を、各電力利用者（企業や住民など）に振り分けたものが電気料金である。この総括原価と電気料金収入とが等しくなる必要がある。この総括原価では、

あらかじめ電力会社に事業報酬を保障して計算されている。

□内部留保を蓄積する方法

　この総括原価計算において巨額の設備投資は、減価償却費の計上によって確実に変更したり、逆に定率法から定額法に変更することも「変更理由」をつければ可能である。また、特別償却費の計上も認められているので、それだけ減価償却費の水増し計上が可能となる。その水増し分だけ経費の内部留保が行なわれている。

　また燃料費を計算するさいに、為替レートや原油価格を高めに申請することで、円高・原油価格の低下のなかで、膨大な差益を内部留保できるのである。

□化石燃料と電気料金値上げ

　2011年以降に原子力発電所が停止しているため、これを補うために火力発電に依存している。火力発電ではLNG（液化天然ガス）などの燃料コストが大きく変動すると、電力会社は、料金体系を改訂し「本格改定」を国に申請する。国は公聴会を開くなどの手続きを踏んで、新料金が適正か否かの審査をする。問題がなければ経済産業相が新料金を認可する。電気料金の値下げの場合は、認可は不要で届出だけである。

　また消費電力料が同じでも、電気料金は毎月変動する。これは、「燃料費調整制度」（1996年に導入）によって貿易統計から燃料費との差額を算出し、総括原価を決めた際の燃料費との差額を毎月の電気料金に算入する。この場合は、電気料金体系は変わらない。

　東京電力の場合、原子力発電所が事故と定期検査により再稼働されていないため、火力発電に依存しているが、燃料費が2010年度の1兆4,821億円から2011年度には2兆2,869億円に8,048億円も増加する。また後述する原子力発電事故の賠償費用や原子力バックエンド費用そして「再処理事業等の前払金」、「日本原子力発電の運転停止」などが、総

括原価の計算に加算される。これらが電気料金値上げの要因となる。東京電力は、2012年9月から電気料金値上げが行われており、さらに関西電力、九州電力、東北電力など原子力発電比率が高い電力会社が料金値上げを申請している。

□値上げの根拠となるレートベース

そこで東京電力の電気料金値上げの根拠となるレートベースについて見ていこう（**図表6-2**）。東京電力は日本原燃へ1,716億円、「原子力損害賠償支援機構」へ24億円、ウラン鉱山プロジェクトへ431億円などの特定投資の合計2,254億円計上している。

東京電力は、2010年に日本原燃への増資を引き受けて1,305億円を投資している。東京電力は、2012年6月12日の『設備投資関連費用』（**図表6-3**）の資料の中でレートベースの内訳を示している。この中で営業資本（運転資本）[7]は、5,572億円である。

この内訳は、営業費用項目から退職給与金の引当金純増額等を控除した額に12分の1.5を乗じた額である。この営業費用の中で燃料費は前回改定時の1兆9,722億円に比べて今回の2兆4,593億円になり、4,871億円ほど増加している。この増加分だけ運転資本が増加している。

これらは総括原価の項目であるが、この総括原価の中で燃料費が前回に比べて4,871億円ほど増加している。この増加分だけ営業資本が増加している。

まずレートベースとは「真実かつ有効な資産価値を特定したものであり、電気事業に直接関係のない資産については除外」（東京電力『設備投資関連費用』2-1）している。**図表6-3**によるとレートベースには特定固定資産、建設中の資産、核燃料資産、特定投資、運転資本（営業費と貯蔵品）からなっている。東京電力のレートベースの内容は次のようである。特定固定資産は7兆1,239億円、建設中の資産は4,358億円、核燃料資産7,223億円、特定投資2,254億円、運転資本は営業費が5,572億円、

図表 6-2 東京電力のレートベース（運転資本）

人件費	3,519 億円
燃料費	24,593 億円
修繕費	4,205 億円
購入電力料	7,943 億円
その他費用	6,414 億円
控除収益	▲ 2,097 億円
A　営業費用	44,578 億円
B　営業資本	44,578 億円 × 1.5 ／ 12 ＝ 5,572 億円
C　事業報酬	55,72 億円 × 3.0% ＝ 167 億円

（注）運転資本には、退職給与引当金増加、固定資産除却損等を含まない。
（出所）東京電力『設備投資関連費用』（2012 年 6 月 12 日）より作成。

図表 6-3 東京電力のレートベース

特定固定資産
　　　7 兆 1,239 億円
　　　電気事業固定資産のうち、休止・貸付設備や附帯事業との共同固定資産等。

建設中の資産（建設仮勘定）
　　　4,358 億円
　　　建設仮勘定 ×1 ／ 2 とする

核燃料資産　━━━ 装荷以前の核燃料資産　　　5,116 億円
　7,223 億円　　━━ 再処理関係の核燃料資産　　2,101 億円
　　　　　　　　　┌ ①使用済燃料　　　　　　　　　　0
　　　　　　　　　│ ②プルトニウム　　　　　　　6 億円
　　　　　　　　　└ ③日本原燃への前払金　　2,101 億円

特定投資　　2,254 億円
　　　（長期投資のうち①研究開発、資源開発を目的とした投資かつ
　　　②能率的経営のために必要かつ有効であると認められるもの）

運転資本　（営業資本）
　　　営業費 ×1.5 カ月分→5,572 億円⇒現金預金
　　　燃料貯蔵品（1.5 カ月分）計 3,178 億円
　　　火力燃料貯蔵品等

レートベースの合計　　9 兆 3,826 億円
　　　9 兆 3,826 億円 ×0.03＝事業報酬 2,814.78 億円

（注）（1）なお、レートベース不算入分は、以下の通り
　　　　　　長期計画停止火力　56 億円
　　　　　　福島第 1、第 2 原発　3,407 億円
　　　　　レートベースに不算入は 3,700 億円、事業報酬に不算入分は 110 億円。
　　　（2）減価償却費は、2012 年から 2014 年の 3 年間の平均で 6,281 億円である。
　　　　　　原子力発電は税務上・会計上の耐用年数が 16 年だが、柏崎刈羽原発は 26 年運転している。
（出所）東京電力『設備投資関連費用』（2012 年 6 月 12 日）より作成。

燃料貯蔵品が3,178億円となっている。レートベースの合計は9兆3,826億円であり、これに3％を掛けると事業報酬は2,814億7,800万円である。

3　電力会社による日本原燃への「再処理事業等の前払金」

□核燃料サイクルの下請け・日本原燃

　原子力発電の核燃料サイクルを見ると、ウラン燃料を原子力発電所（軽水炉）の中で燃やし発電をする。使用したウラン燃料は、使用済み燃料として再処理工場で再処理をすることによってウランを回収し、これを転換工場で転換し再利用する。原子力発電所で使用された使用済み燃料は中間貯蔵施設に貯蔵する。原子力発電所で発生した低レベル放射性廃棄物は、これを低レベル放射性廃棄物埋設施設で保管する。また原子力発電所で発生した高レベル放射性廃棄物は処分施設で処分（地層処分）される。再処理工場から発生する高レベル放射性廃棄物を貯蔵管理施設に埋設する。しかしまだ最終処分場は決まっていない。

　日本原燃[8]は、核燃料サイクル事業における濃縮事業（ウランの濃縮）、廃棄物埋設事業（低レベル放射性廃棄物の埋設）、再処理事業（原子力発電所等から生ずる使用済み燃料の再処理）、廃棄物管理事業（海外再処理に伴う廃棄物の一時保管）の4つの事業を行っている。なおMOX燃料加工事業は、2010年に工場の建設工事に着手し、2016年3月に竣工予定であったが完成していない。日本原燃の関係会社である東京電力や関西電力そして中部電力（これらの電力会社は主要株主）は、日本原燃が提供する原子燃料サイクルに関する事業の顧客となっている。

　日本原燃の関係会社の状況（2012年3月期）を見ると、東京電力は、日本原燃へ1,144億円を出資しており、議決権の所有割合は28.6％を占めトップである。東京電力は日本原燃の借入金・社債の債務保証や役員の兼任等も行っている。また関西電力の日本原燃への出資金は666億円であり、議決権の所有割合は、16.65％である。（第1章、**図表1-4**参照）

図表 6-4 　東京電力の日本原燃への「前払金」　　　　　　（単位；億円）

年度	1997	1998	...	2005		2006	2007	2008	2009	2010	2011
前払金	193	387	...	383							
前払金との相殺						24	283	283	283	283	283	283
前払金残高	193	580	...	4,250	4,226	3,943	3,660	3,376	3,093	2,810	2,526

(注)　1　残高は年度末時点のもの

　　　2　2012～14年度は再処理料金として、前払金の相殺を考慮した後の金額で約770億円／年（2012～14平均）を支払予定。

(出所)　東京電力『設備投資関連費用』（2012年6月12日）より作成。

　日本原燃のキャッシュ・フロー（CFと略）を見ると、営業CFは968億7,200万円、投資CFは745億2,800万円、財務CFは、△360億6,200万円である。CF期末残高は、1,905億800万円である。キャッシュ・フロー計算書では、問題がない様に見えるが、東京電力など電力会社10社による前払金（再処理事業に対して）が経営を大きく支えている。

　　（注）前払金

　　　財貨・役務を受け取る以前に、その対価の一部を支払う場合、例えば請負などの代金の前払高をいう。

□前払金のゆくえ

　東京電力はレートベースの「再処理関係の核燃料資産」の中に「日本原燃への前払金」が入っていた。「日本原燃への前払金」（図表6-4）は東京電力の場合、2,101億円が計上されている。この2,101億円は、2012（H24）年度から2014（H26）年度の3年間の平均残高である。この前払金は、使用済み核燃料の再処理事業に対して支払われている。この理由として建設にあたり多額の資金調達が必要で、これらの資金は、建設工事の段階で必要となることから再処理料金の前払を実施したといわれる。

　電力会社10社は、1997年から2005年にかけて前払金の支払いをした。東京電力は4,250億円の前払いをした。電力会社10社で1兆1,000億円を前払いしている。これらの前払金は、電力料金決定の基礎となるレートベースに算入され、その3％が事業報酬に加算される。この分が電気

2012	2013	2014	…	2019	2020
			…		
283	283	283		283	260
2,243	1,960	1,676	…	260	0

料金の値上げとなる。東京電力は日本原燃の前払金について、つぎのように「前払金の概要」を説明している。少し長くなるが引用していこう。

　　　「・エネルギー資源の少ない日本は、原子力発電所で発生する使用済燃料を再処理し、回収されるプルトニウム、ウラン等を有効利用することを基本方針としており、電力会社は、電力会社等の出資により設立した日本原燃（株）とともに、再処理事業を推進。

　・日本原燃の行う再処理事業は巨大な設備産業であり、建設にあたっては多額の資金調達を行うことが必要。これらの資金は、再処理料金の支払い開始前の建設工事等の段階で必要となることから、日本原燃による市中金融機関からの借入や出資などと合わせて、再処理料金の前払いを実施。

　・電力会社 10 社は、H9 ～ H17 に前払いを実施。当社は総額 4,250 億円（全電力 1 兆 1,000 億円）を前払いしている。」

　このように日本の電力会社等の出資により日本原燃が「再処理事業」等を目的として設立された。使用済み核燃料（核のゴミともいわれる）の再処理料金は、建設工事の段階で必要となるので、「前払金」を支払っている。

　さらに「再処理料金との相殺」についてみると、つぎのように述べている。

　「支払った前払金は、再処理工場のアクティブ試験開始（2006 年 3 月）以降、15 年分割（～ 2020 年度、約 283 億円／年）で再処理料金と相殺（＝減額）する形で返済される」計画である。しかし現在に至っても本格的に再処理工場（青森県六ケ所村）は稼働していない。再処理の給付がな

いのに前払金を料金と相殺している。この相殺によって前払い金は、2020年度（H32年度）に消滅する。

4 「日本原子力発電」の運転停止と経営状況

□原子力発電専業会社から来るリスク

「日本原子力発電」は、現在（2013年1月）、敦賀原子力発電所1号機、2号機（福井県敦賀市）と東海第二原子力発電所（茨城県東海村）を運営している。この東海第二原子力発電所1号機は、日本初の商業用軽水炉で1970年3月に営業運転を開始し、その日開幕した大阪万博会場に電気を供給した。同2号機は1987年2月に営業運転を開始した。

　敦賀原子力発電所には、破砕帯といわれる断層が原子炉直下に通っており、原子力規制委員会（田中俊一委員長）は活断層か否かの調査を行ない、この調査団は2012年12月10日に評価会合を開き、2号機（出力116万kw）の原子炉建屋直下を通る破砕帯について「活断層の可能性が高い」と結論づけている。1号機（出力35.7万kw）は営業運転開始から43年が経過している。「核原料物質、核燃料物質及び原子炉の規制に関する法律」（2012年6月27日、法律第47号、一部未施行）は、原子力発電の運転を原則40年に制限しているため廃炉になる可能性がある。

　このため日本原子力発電は、原子炉の廃炉になる可能性があることから、経営問題になる。日本原子力発電は、原子力発電所しかないので経営に大きく影響する。

　日本原子力発電は、東京電力をはじめ沖縄電力を除く9電力会社が出資者となっている。日本原子力発電は発電した電気を東京電力や関西電力など5社に売電してきた。現状では原子力発電による発電はゼロであるが、「経営上の重要な契約」（有価証券報告書、日本原子力発電、2012年3月期）により電力5社から料金収入を得ている。

　日本原子力発電の敦賀原発の2基が廃炉となれば、倒産の可能性がで

てくるが、枝野経産相（当時）は「破綻すれば廃炉費用を税金で賄う可能性もある。簡単につぶすわけにはいかない」という。日本原子力発電は、電力各社と以下のような「経営上の重要な契約」（有価証券報告書）について、つぎのように述べている。

　「東北電力、東京電力、中部電力、北陸電力、関西電力の受電５社と電力受給に関する基本協定及び電力受給契約等を締結している。基本協定では、当社の供給する電力の全量を受電会社が受電すること及び受電各社の受電比率を定めている。既に停止している東海発電所については、運転停止後に発生する費用（停止後費用）の取扱いについての基本協定を締結し、原則として受電会社が停止後費用を負担すること等を定めている」[9]。また同様に建設計画の敦賀原発３、４号機についても受電会社と基本協定を締結し、発生電力の全量を受電会社が受電すること及び受電各社の受電比率を定めている。現在、日本原子力発電は原子力発電所を停止しているが、電力各社からの料金収入で最高益をあげている。日本原子力発電が破綻すれば、各電力会社の経営を圧迫し、将来電気代の値上げにつながる可能性がある[10]。

5　規制部門と自由化部門の電気料金

□原価を水増しした高い電気料金

　東京電力の電気料金値上げの場合を見よう。東京電力は、2012年5月に経済産業大臣に電気料金の改定を申請した。その後同年7月25日に経済産業大臣の認可を受け、同年9月1日から電気料金の値上げを実施した。

　2011年10月に東京電力経営・財務調査タスクフォース事務局は、「東京電力に関する経営・財務調査委員会の報告の概要」[11]（報告書と略す）を発表した。この報告書の「料金制度の検証」の中でこう述べている。

　「固定費では届け出時の原価より実績の方がおおむね低く、最大で約

10％の乖離が生じている。大きな要因は修繕費である。料金改定を行った年度においてすでに約10％程度の差が生じており、届け出時から『適正な原価』でなかった可能性がある。規制部門、自由化部門全体の乖離は直近10年間の累計で5,926億円になる」[(11)]

つまりこれは料金原価を水増して届け出たものである。電気料金は、前述のように総括原価主義によって設定されてきたが、届出時の料金原価と実績の料金原価とが乖離していることが報告されている。

この検証は、まず料金原価を固定費と可変費に分けて行なわれている。料金原価は固定費＋可変費から成っている。届出料金原価は、実績値料金原価よりも多額であった[(12)]。さらに具体的に固定費と変動費について検証している。まず、「固定費の届出時と実績の料金価格の乖離を合計すると、直近10年間の累計で5,624億円となる」（「報告書」124ページ）。ついで、可変費について届出時と実績の料金原価の乖離を合計すると、直近の10年間の累計で561億円となる（「報告書」127ページ）。また修繕費の届出時と実績の料金価格の乖離を合計すると、直近10年間の累計で3,081億円となる。最後に適正な利潤の検証を見ると、「料金改訂の届出時の事業報酬額と実績の支払利息、配当金及び利益準備金を比較する。…届出時に料金原価として織り込まれた事業報酬額と実績の支払利息、配当金の支払いの差額を合計すると、直近11年間の累計で9831億円となっている」（「報告書」133ページ）。

このように届出時の料金原価の方が実績の料金原価を上回っていることにより、東京電力の料金収益（売上高）が料金コストを上回り、巨額の経常利益が計上されてきた。「電力自由化」のもとで競争原理が働き、電気料金引き下げにつながるという構図が考えられていたが、実際の電気料金より多く水増し申請し、料金原価が設定されていたことが明らかになった。

□小括　総括原価方式を検証し、消費者負担軽減

　これまで電力会社における総括原価方式について考察してきた。公益事業会社である電力会社の電気料金の基になる総括原価の歴史的経緯、電気料金の根拠規定、総括原価の算入項目、レートベース方式による事業報酬、日本原燃への「前払金」、「日本原子力発電」の運転停止と電気料金値上げの可能性について検討してきた。ここで明らかになった点は、電気料金の根拠規定である原価主義の原則、公平の原則であるが、総括原価の算入項目が拡大し、これが電気料金に反映され値上げが行なわれることである。本書ではとりわけ日本原燃の「前払金」の算入と日本原子力発電の原発停止のもとでの「受電会社が停止後費用負担」（経営上の重要な契約による）することによって、総括原価への費用負担が生じることを明らかにした点である。この総括原価への加算がひいては電気料金の値上げとなり、国民（消費者）の電気料金の負担増加や企業（とりわけ中小企業者）の料金負担が大きくなることである。総括原価への算入項目が不透明な部分が多い。算入項目を値上げ、値下げにかかわらず公表し、消費者の不信を取り払うことが重要である。そして総括原価や電気料金を厳密に規制することが必要と思われる。

(注)
(1)　梅本哲世『戦前日本資本主義と電力』八朔社、2000年2月、230ページ。
(2)　通産省公益事業局『電気事業の現状と電力再編成10年の経緯、電力白書』1961年版、373ページ。
(3)　谷江武士・青山秀雄『電力』大月書店、2000年9月を参照されたい。
(4)　谷江武士「電力産業の財務構造の変化」『名城論叢』第11巻第4号、2011年3月。
(5)　2005年4月以降には、電力小売自由化の範囲は、「自由化部門」（特別高圧、高圧B、A）への電力量（2011年度）が62％に増大した。また、「規制部門」（低圧、コンビニや事業所、電灯、家庭）への電力量（2011年度）が38％に減少している。ここでの東京電力、関西電力、九州電力等の値上げは「規制部門」の値上げである。
(6)　2013年2月に、経済産業省は「電力システム改革専門委員会報告書（案）」（委員長、伊藤元重）を発表して、電力会社の送配電部門の中立性を高める「発送電分離」を実施するとした。法的分離は、2012年7月に発送電分離の基本方針を決めた際には、電力

会社を持株会社化し、この下に送配電の子会社を置くというものであった。

今後、電気事業法改正案が国会に提出できるか否か重要になるといわれる。電力業界は、これに強く反対して、この改革の先送りをもとめている。

(7) 経済産業省『電力システム改革専門委員会報告書案』2013年2月、4ページ。

経済産業省『資料10、設備投資関連費用』東京電力、2012年6月12日、32ページ。

http://www.meti.go.jp/committee/sougouenenergy

(8) 日本原燃に関しては、『会社概況書・日本原燃』(2012年6月) に基づいている。

日本原燃の再処理は1999年に事業を開始したが、トラブル続出で2013年1月現在、未だ試運転を終了できず、責任のなすり合いに発展している。現在までに要した費用は2兆円を超えると言う壮大な無駄使いである。そもそも日本の原子力政策では原発を新設する場合に使用済み燃料の再処理見通しが原子炉設置許可の条件とされている。(安斎育郎、舘野淳、竹濱朝美編著『「原発ゼロ」プログラム』かもがわ出版、2013年3月、103ページ)。

(9) 有価証券報告書(日本原子力発電、2012年3月期)12ページ。

(10) 読売新聞、2012年12月19日。

(11) 東京電力経営・財務調査タスクフォース事務局『東京電力に関する経営・財務調査委員会の報告の概要』2011年10月。以下、「報告書」と略した。なお、経済産業省総合資源エネルギー調査会総合部会電気料金審査専門委員会から、2012年7月5日に「東京電力株式会社の供給約款変更認可申請にかかわる査定方針案」が発表されている。

(12) 同上書、121ページ。以下、文中にて「報告書」のページ数を示す。

第7章

電力規制緩和、「自由化」の進展

1　電力規制緩和の流れ

□第一次規制緩和

1994年半ばに日本の産業は、バブル崩壊による不況が深刻になっていたが、東京電力は、経常利益が前年同月比7%の増加となり、多くの電力会社は、好業績をあげていた。それだけにアメリカと比べて3〜4割も高い電気料金の内外価格差の是正を求める声が高くなっていた[1]。

日本の電力規制緩和の検討は、1990年代初め頃から開始された（**図表7-1**）。1990年代に入ると、バブル崩壊や円高によって日本経済は停滞していた。1993年12月に経済産業省総合エネルギー調査会は、電気事業規制のあり方をめぐる提言を行ない、競争原理の導入や分散型電源の活用などを含む電気事業の規制の見直しをはかるべきことを提言した。

通産省（現、経済産業省）は、1995年の通常国会で電気事業法改正案を提出した。資源エネルギー庁の動きの裏には、電力会社の発電と送電

図表 7-1　電力規制緩和の流れ

1995 年	12 月	電力卸供給事業、特定供給地での電力小売り解禁（電気事業法改正、第 1 次規制緩和）した IPP 制度導入など
1996 年	1 月	電力 10 社が電気料金の本格改訂による値下げを実施した
1997 年	5 月	閣議で「電力自由化」を決定した。「2001 年までに国際的にそん色のないコスト水準を目指す」
	6 月	特定地域への電力小売を認める特定電気事業の第 1 号を認可した
	7 月	電気事業審議会（電事審）が電力自由化の審議を開始した
	7 月	通産省が電事審に「国際的にそん色のないコスト水準」を実現するための電気事業のあり方を諮問した
	12 月	政府・行政改革委員会・規制緩和小委員会が電力業界の規制緩和を答申した
1998 年	5 月	電事審・基本政策部会が中間報告を発表した
	9 月	同部会が詳細な審議を開始した
	10 月	電事審・料金制度部会が検討を開始した
	12 月	電事審・基本政策部会（料金制度）が報告書（等）を提出した
1999 年	1 月	アメリカ政府が日本の電事審の「報告書」にたいしてコメント（一層の電力規制緩和の推進、送電システム）要請を発表した
	3 月	政府・行政改革推進本部が、「規制緩和推進 3 ヵ年計画（1998 ～ 2000 年度）」の改定案をまとめた
	5 月	電力の部分自由化を盛り込んだ第 2 次規制緩和の電気事業法の改正案が成立した
	12 月	電力 10 社が、送電線の利用料金（託送料）を通産省に届け出た
2000 年	3 月	大口電力の小売自由化がスタートした（改正電気事業法施行、第 2 次規制緩和）
2003 年	2 月	総合エネルギー調査会電気事業分科会（旧電事審）が「今後の望ましい電気事業制度の骨格について」の報告書を発表した
	6 月	電気事業法改正案が成立した（第 3 次規制緩和）。このなかで託送料金制度におけるパンケーキ構造の是正が行われた
2005 年	4 月	日本卸電力取引所（私設、任意）が取引を開始した。電力自由化範囲拡大（高圧 50kw 以上自由化の対象となる）
	5 月	「原子力発電における使用済燃料の再処理のための積立金の積立て及び管理に関する法律」制定。電力会社へ再処理事業資金の積立てを義務づけた
2006 年	3 月末	日本原燃、再処理工場アクティブ試験開始
	5 月末	「新・国家エネルギー戦略」が公表された（資源エネルギー庁）

（出所）筆者作成

　の業務を分離し、戦後一貫してつづいてきた電力の独占体制を是正しようと考えていた。1995 年 12 月に約 30 年ぶりに電気事業法が施行され、電力の第 1 次規制緩和がスタートした。

　この 1995 年の改正電気事業法では、発電部門の新規参入の拡大、保安規制の合理化、発・送電一貫体制の維持、送電部門の透明化・公平性、振替供給料金の廃止、電力取引所の創設、段階的小売自由化を内容としていた[2]。電力会社に電力を供給する事業に独立系発電事業者（IPP：Independent Power Producer）の参入が可能となった。電力会社への卸売による料金規制の緩和によって、電力会社が IPP などから入札によって電気を購入する時の認可が必要なくなった。また託送（自己託送サービス）制度や特定地点検供給制度を導入し、保安規制の規制緩和を盛り込んだのである。「卸託送」の規制が緩和された。しかし、電力会社の地域独占や私企業の形態は従来と変わらなかった。

□総括原価方式に株主優遇を加える

　電力市場の見直しは、電気事業審議会（経済産業省の諮問機関、電事審と略）でも議論の最中であった。1997 年 7 月に電事審は電力自由化の審議を開始した。1998 年 5 月には、電事審の電力販売の部分自由化を示した中間報告を発表した。これを受けて電事審の料金制度部会は、1998 年 10 月に次のような新しい料金制度を検討した。

①自由化によって得られた効率化による成果と非自由化部門の小口顧客への還元方法
②料金改定手続きの簡素化
③非自由化部門の料金メニューの多様化など
④電力会社が財務体質を改善して、資金調達コストを低減する必要性がある。さらに、資金調達を円滑にすすめるためには、現在以上に投資家の利益を勘案する必要がある。

　この④番目の論点では、従来の利益還元が料金値下げ最優先であったが、これを「株主や投資家へも利益還元したい」（荒木浩東京電力元社長

／電事審元会長）と経営の物差しが変化している。この料金制度部会では、「総括原価主義の見直し」が検討された。電事審の幹部は「総括原価でない方法ができるならば検討に値するだろう。ただ、電力業界側から今の総括原価がおかしいということはない」と述べ、本音は現行制度の継続の意向を示した。

　電力会社が総括原価主義にこだわるのは、完全自由競争になれば料金の低減を招き、「安定供給」ができなくなるという。電力会社は、財務体質改善による株主の配当増や資金調達金利の低減という経済合理性の追求＝民間企業を志向している。公益事業体と民間企業という2つの顔を従来、電力会社は「便利に使い分けたことは否めない」[3] といわれた。

　1998年12月11日には、電事審基本政策部会は、「報告書（案）」[4] を発表した。なお、電事審の基本政策部会および料金制度部会における電力関係の委員は、東京電力、関西電力、中部電力、中国電力の社長と電力総連委員長である。また、その小委員長には、東京電力、関西電力、中部電力、九州電力の副社長と電力総連委員長が電力関係の委員となっている。このため、「報告書（案）」には、電力会社の意向が大きく反映していると考えられる。

□規制緩和とアメリカの圧力

　1999年1月になると、この電事審の「報告書（案）」に対してアメリカ政府は、「コメント」[5] を発表した。このコメントでは、「日本の電気料金の大幅な引き下げには、この報告書の内容に加えて一層の徹底した規制緩和が必要」として「自由化の範囲」「公正な競争の確保」「孤立した規制官庁」「送電システムの公正なアクセス」「次なるステップの明確化」に分けて、アメリカ政府は、日本政府の「積極的役割」を要請している。それは、「公正取引委員会は独占禁止法の改正を行ない、同法が電力分野にも適用されるべきである」。また「電事審は電力会社に対し

すべてのユーザーが効果的にネットワークを利用できるように、送電システムの利用料金と利用可能性について電力会社が情報を提供するように求めるべきである」といい、「高い託送料金では1キロワット時当たり約3.8〜3.9円。コストを反映しているとは思われず、実際、電力会社が相互に徴収しているよりも高い。この市場は新規参入者にとって魅力的な市場とはなり得ない」という。そして次なるステップの明確化では、「需要家の範囲を広げ、可能な範囲で、すべての企業及び住居用の需要家にまで拡大する」「電力会社の供給区域外への電力の販売を見直し、既存電力会社の競争を促進」することを要請している。

日本政府の行政改革推進本部は、1999年3月23日に規制緩和推進三ヵ年計画（1998〜2000年度）の改定案をまとめ発表した。競争力政策では、独占禁止法で電力、ガスなどの事業を適用除外する条文の削除を1999年に検討することとした。個別規制緩和事項のなかで「電力供給システムの見直しと競争の促進」を掲げたのである。

さらに2000年11月に入ると、アメリカ政府は2001年末までに中間見直しを実施し、新規事業者の送電が容易になるように電力会社の発電業務と送電業務の分離を検討するように求めた。

また2000年11月に通産省（現、経済産業省）は、新規参入する事業者への障壁の排除に乗り出した。「託送料金」の問題点の洗い出しや参入障壁が確認されれば、2001年度3月末までに電気事業法に基づいて変更命令を出すとした。

□第2次規制緩和のもとでも内部留保拡大
（10％コスト削減で、3％値下げ、7％内部留保可能）

2000年3月には、第2次規制緩和がスタートした。このスタートに先立って1997年7月に電事審が再開され、1999年1月に第2次規制緩和の報告書がまとめられた。ここでは、料金値下げの場合には認可制から届出制へ変更したことや大口需要家に対する小売の部分自由化を推進

したことであった。

　従来の電気料金改訂の手続きでは、電力企業が総括原価や需要の予想を当局に提出し査定をし、最終的に電気料金の認可を得る必要があった。電力企業の電気収入は総括原価に基づき予め事業報酬を含めて算定されるので赤字になることはない。余剰利益が出れば料金値下げをし、消費者に還元する。料金値下げであれば電力会社から提出された資料を受け取るだけで、特に査定も認可もしない。料金値下げの場合、届出制となっているので、たとえば10％のコスト削減を図れば、3％だけ値下げし、7％は内部留保ができる。このように届出制にすることにより、経営の自由度を拡大したのである。

　また、第2次規制緩和において2万ボルト以上の流通設備に関して「託送料金」といわれる送電設備の貸出料金が設定された。大口電力の自由化は、電気の使用規模が、大規模工場やデパートなど、特別高圧（2万ボルト以上）かつ使用規模が原則2,000kw以上の大口需要家が、自由化の対象となり、どの電気事業者からも電気を購入してもよくなり、自由化部門では電気料金決定が自由化されたのである（**図表7-2**）。

　さらに規制緩和の自由化の範囲は拡大され、2004年4月から受電電圧6,000ボルト以上かつ受電容量500kwとされ、総需要量の40％が自由化の対象となっている。

　2005年4月に第3次規制緩和の準備が始まった。第3次規制緩和では託送料金制度におけるパンケーキ構造[注]の是正が主要な改正点であった。しかし第3次規制緩和は、大きな変化はなかったのである。

　　（注）パンケーキ（ホットケーキ）構造とは、以前は電力消費者に異なる電力供給区域の電源から電力を調達すると、供給区域をまたぐごとに課金されることになっていた。パンケーキは枚数を重ねていくので、これに例えてパンケーキ構造という。

□大口ユーザー＝大企業先行優遇の「自由化」

大口電力の小売自由化は、前述のように電気の使用規模が2000kw以

図表7-2　わが国の電力自由化のもとでの大口電力販売

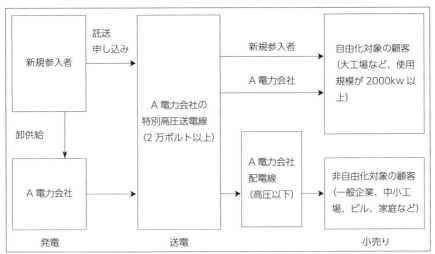

（出所）「日本経済新聞」2000年3月17日より作成。

図表7-3　電力小売りへの参入を準備している主な企業

NTT、東京ガス、大阪ガス	2000年6月に共同出資会社を設立。2000年にもNTTグループや大型商業施設に売電、将来は自前の発電所設立も視野。
丸紅	1999年12月、フランスの複合企業ビベンディと合弁会社を設立。2000年4月に国内電力事業の専門営業組織を本社内に設置。
三菱商事	2000年3月に電力小売事業会社「ダイヤモンドパワー」を設立。7月にも5万キロワット程度の小売を開始。
米エンロン、オリックス（米エンロンは、後に倒産）	2000年1月、エンロンの日本向け発電事業会社「エンコム」にオリックスが出資、日本法人「Eパワー」を設立

（出所）「日刊工業新聞」2000年3月21日付、「日本経済新聞」2000年3月17日付により作成。

上、2万ボルト以上の特別高圧電力および業務用電力で受電する企業に適用される。その企業には大企業工場、百貨店、オフィスビルが対象となり、学校、病院などが含まれる。その数は約8,000件で、販売電力量の3割に相当し、市場規模も年間3兆円にのぼる。

図表7-3を見ると、電力小売への参入を表明していた企業は、NTT
やガス会社そして商社などがある。商社の丸紅はフランスの複合企業ビ
ベンディと合弁会社を設立し参入する。三菱商事はこれまで蓄積してき
たノウハウや海外での独立系発電事業の経験を生かして子会社ダイヤモ
ンドパワーを設立し参入した。2000年11月には、高島屋東京店・同柏
店がダイヤモンドパワーから電力を購入した。2001年2月22日にはジャ
スコが中部電力から離脱し、ダイヤモンドパワーに切り替えた。

　米エネルギー大手のエンロンは、日本向け発電事業会社「エンコム」
を設立し、この会社にオリックスが出資し、日本法人「Eパワー」を設
立して参入する予定であった。2000年11月にエンロンは、福岡県と山
口県そして青森県の六ヶ所村に発電所を計画していた。Eパワーは社員
30人で「各電力会社管内に1、2ヵ所の発電所を建設したい」という。
しかし当時、これを疑問視する声もあった。それは、環境影響調査、漁
業補償、港湾施設などのハードルがあったからである。その後エンロン
は粉飾決算によって破綻した[6]。

　また日本電信電話（NTT）の子会社であるNTTファシリティーズと
東京ガス、大阪ガスの3社は、共同で電力小売事業に参入する。これま
で東京電力は光ファイバー網を利用して通信事業分野に参入しているが、
逆にNTTが電力の小売に進出することになる。新規参入するNTTな
どは、2000年6月に共同出資会社を設立し、鉄鋼メーカーなどの自家
発電設備を買い取り、この電力を大口の百貨店、スーパー、オフィスビ
ルなどに業務用電力として販売する。工場向けの電力料金に比べて業務
用電力料金が5割以上も高く、電力会社の送電線を利用したときに払う
「託送料」を支払っても電力会社の電気料金を下回ることができるとい
う。NTTグループ全体の年間電力消費量は、30億キロワット時以上で
あり、2005年には6.4億キロワット時になる見通しで、買電を減らし、
コスト削減する意図が背景にある。

□電力会社の事業多角化と失敗

日本の電力会社は小売自由化に対応して、経営の多角化を図っている。

1つには、休日・夜間の電気料金割引制度の導入や電力料金の引下げに踏み切ったことである[7]。競争相手となる他の電力会社を警戒した値下げや、割安な夜間電力などの活用を促す料金メニューを取りそろえた。

2つには1990年代末に電力系PHS事業支援をおこなった。東京電力をはじめ関西電力、中部電力、九州電力ではPHS事業の支援に乗り出した。東京電力系の東京通信ネットワーク（TTNet）は、1999年4月にPHS（簡易型携帯電話）の「アステル東京」を救済目的で吸収合併し、東京電力の取締役がPHS事業の役員に就任した。経営不振の「アステル東京」は、1999年3月末に1,500億円の有利子負債を抱えていたが、東京電力、三井物産、三菱商事などの主要株主の増資や債権放棄によって、1999年4月の合併前に累積損失を解消し、借入金も全額返済した。また、加入者急減で経営危機に陥った「東京テレメッセージ（TTM）」では、1999年5月に、東京地裁に会社更生法の申請し、同年8月には三井物産、東京電力などの主要株主の支援で再建を目指した。

3つには、ポケットベルやPHS事業の不振のなかで、電力系新電電は企業向けデータ通信会社の設立を目指していた。TTnet、大阪メディアポート（OMP）、中部テレコミュニケーション（CTC）の電力系新電電10社は、1999年2月以来、共同出資で「パワー・ネッツ・ジャパン」（PNS）を設立し、法人化の準備を進めていた。法人顧客の多い東京、中部、関西を営業地域とする3社が、この新会社を設立し、残る7社が2000年春までに出資する。新会社は大容量ネットワークを構築し、2000年夏には東名阪でサービスを開始する。この高速大容量の通信ネットワークでは、日本テレコムやクロスウェイブコミュニケーションズ（ソニーとトヨタ自動車などの共同出資会社）なども参入した。2000年11月中旬になると、電力10社は電力系新電電の経営統合を見送ると正

式に発表した。代替案として新電電10社が共同出資するデータ通信会社「PNJコミュニケーションズ」(PNJ—C) を電力10社の直接出資に切り換える。PNJ—C を NTT、KDDI、日本テレコムに次ぐ通信大手にする考えである。2001年2月中旬になると「PNJ—C」は米長距離通信大手「クエスト・コミュニケーションズ」と資本提携すると発表した。これにより NTT に対応し国際データ通信事業に進出した。

4つには、電力会社は、液化天然ガス (LNG) の小売事業へ参入した。中部電力は、2000年1月に、ガス、熱などの総合エネルギー産業へ脱皮したいと表明した。将来は、東邦ガスが供給する産業用などと競合する可能性がある。他方、東邦ガスでもコージェネ (熱伝併給) 事業で電力分野に参入する。このため、電力会社とガス会社との競争が激化する。

5つには、東京電力は、2002年度までに情報通信、介護、新エネルギーなどの新規事業へ1,200億円を投資する。情報通信分野では、高速インターネットの定額通信サービスや企業の情報通信サービスや企業の情報通信システムの一括管理などを投資対象とする。光ファイバー網の敷設などは、これまでと同じペースで3年間に1,000億円の投資をする。介護ビジネスでは、検針員を活用してホームヘルパーの資格取得者を派遣するという。

東京電力は、経営の多角化によってどのような業績になっているかを見よう。2003年3月期の有価証券報告書 (東京電力) によると、多角化事業として住環境・生活関連事業 (子会社6社)、エネルギー環境事業 (子会社10社) そして海外事業 (3社) を掲げている。セグメント情報 (連結) では、売上高営業利益率は、電気事業が12.44%で高いのに対して、情報通信事業ではマイナス1.73%で赤字となって失敗している。

2　電力規制緩和のもとでのヤードスティック方式とコスト削減

□電気事業法の「改正」効果は …

1995 年 12 月 1 日の電気事業法改正のきっかけは、日本の電気料金が先進国のなかで 1 番高く、欧米に比べ 20％近くもの内外価格差があることから、利用者の批判が強まったことによる。しかし、なぜこんなに日本の電気料金が高いのだろうか。それは、一般的に地域独占に加えて、長期にわたる原子力発電や送電線への投資、高額な事業報酬や原子力バックエンド費用の増大と原価の水増し分が料金に参入されているためである。

電気事業法の改正点は、前述のように①料金制度の見直し、②卸売電力市場の自由化（売電競争）、③発電所における保安規則の緩和である。このなかで料金制度の見直しでは、総括原価計算の基本的枠組みは維持しつつ、各事業者の経営にかかわる諸指標を比較し、経営効率化努力の度合いに応じて査定し格差を設ける方式（ヤードスティック方式）が料金制度に導入されることとなったのである[8]。

□電気料金の算定プロセス

電気料金は、通常の商品売買における需要と供給による価格決定とは異なり、典型的な地域独占価格となっている[9]。電気料金の計算（**図表7-4**）は、まず適正費用＋事業報酬による総括原価によって把握される。それは前提計画に基づいて計算される。前提計画には、供給計画、工事計画、資金計画、業務計画がある。これらの計画にもとづいて総括原価が算定され、さらにこの総括原価は、場所別原価（水力、火力、原子力、送電、変電、配電、販売の部門別原価計算）として捉えられ、これらの原価を要素別原価（固定費、可変費、需要家費）に分解したのち、需要種別原

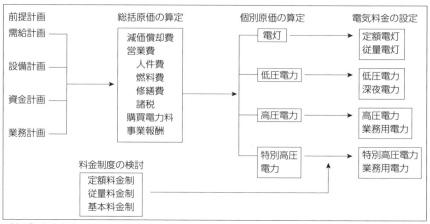

図表 7-4　電気料金算定のプロセス

（出所）筆者作成

価すなわち個別原価（特別高圧、高圧、低圧、電灯の四種）に配分した額
を、それぞれの販売電力量で除して料金単価（円／キロワット時）を決定
する。

　まず総括原価を場所別（部門別）に分ける部門別原価計算では、使用
する設備を基本とする分類で 7 部門に分けて計算される。場所別原価配
分では発電所からどこの場所までの原価を負担すべきかを決めるために
行われる。だが場所別原価配分では、間接費（たとえば事業報酬）の配賦
基準を何にするかによっても異なった部門費となる。また発電所から送
変電される段階の多い電灯に最も多い原価を負担させることになる。

　つぎに場所別原価を固定費、可変費、需要家費の三つの要素別原価に
分類、計算した上で、これらの費用を需要種別原価に配分する。固定費
の需要種別原価への配分には、10 種類の方法があるが、どの方法を採
用するかによっても異なった値となる。ピーク時に占める需要種別の比
率による配分（尖頭責任標準法）と使用電力量による配分（電力量標準
法）とのウエイトの置き方によっても異なった値となる。可変費の需要
種別の配分は、「燃料費」が高騰した場合に電灯消費者にとって重要と

なる。この配分は、各需要種別の年間販売電力量の比によって行われると言われるが、販売電力量の予測をいかにするかによって異なった配分となる。

□ヤードスティック方式の導入

総括原価計算による料金算定は、いわゆる総括原価計算を基準としているが、1995年電事法改正により「ヤードスティック方式」が導入された[10]。この方式は、通産省（現・経済産業省）が各社（電力会社10社）の経営コスト額とその上昇率を比較し、それぞれ3段落（I減額査定なし　II 1%の減額　III 2%の減額）のランク別に分類する。経営効率化のすすんだ会社は、必要コストを電気料金に反映させることができるが、逆にこの効率化の遅れた会社は、厳しく査定されたうえに必要コストを電気料金に反映させることができないというペナルティーがある。

効率化の結果生じた料金引き下げの原資は内部留保として蓄積することが可能となった。この背景には、「地域独占」と「特別措置」に守られている電力会社のなかで、「競争原理」を働かせることで「経営の効率化」を促し、「料金値下げ」につなげていくというものである。その査定では、前述の「総括原価」に加え、その欠点を回避するために「標準原価方式」（各社が効率化努力を公表し、これを原価に織り込むこと）も新たに導入された。このヤードスティック方式を入れた総括原価は、**図表7-5**のようである。

ヤードスティックの方式を入れた総括原価は、過去の実績および原価計算期間における経営効率化努力を前提として事業の将来予測を基礎として算出した営業費および適正な事業報酬の合計から、控除収益および効率化努力目標額を控除した額を総括原価とする。この場合、営業費とは人件費、燃料費、修繕費、減価償却費、公租公課、購入電力量、その他費用をいう[11]。この方式では会計制度にもとづき経営効率化努力目標を入れて、コスト削減を強制的に行なう。

図表 7-5　ヤードスティック方式を入れた総括原価

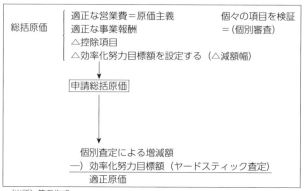

総括原価　　適正な営業費＝原価主義　　　個々の項目を検証
　　　　　　適正な事業報酬　　　　　　　　＝（個別審査）
　　　　　　△控除項目
　　　　　　△効率化努力目標額を設定する（△減額幅）

　　　　　　┌──────┐
　　　　　　│申請総括原価│
　　　　　　└──────┘

　　　　　　　個別査定による増減額
　　　　　 ─）効率化努力目標額（ヤードスティック査定）
　　　　　　　適正原価

(出所) 筆者作成

□その他の変更点

　新しく加わった料金制度をみると「燃料費調整制度」がある。これは、為替・原油価格の変動に応じて自動的に料金が変更され、円高の度に差益還元の議論をしなくてもよくなるが、逆に円安のさいにも自動的に電気料金は値上がるという制度である。

　また、「独自料金制度」というのがある。これは季節別・時間帯別料金を認可制から届出制に緩和し、各社独自の電気料金メニューを設定できるという制度である。つまり、夏場の電力需要ピーク時間帯は高い料金、深夜は安い料金というように、「負荷の平準化」と、「省エネの促進」を目的としたものである。このため、大口電力などの消費者である企業は、深夜の安い料金帯を利用し、夜勤を常態化するという影響がでてくるのである。

□設備投資削減が事故につながる

　これらの新料金制度のもとで、電力会社の対応がどのように行なわれているか。電力会社は、「ヤードスティック方式」のもとで新料金値下

げと「経営効率化」に向けたコスト削減に懸命で、設備投資を抑制している。あらゆるコストの徹底的な洗い直しがすすめられている。このコストの洗い直しでは、まず設備投資を削減し、コストの抑制をはかっている。海外を含めた資材調達の見直しや発電所設計の標準化、そして工法変更による工期短縮などの節約を行ない、さらに火力発電所の休止や発電所の新設を減らしている。

電気事業のヤードスティック方式は、対象企業の比較可能な同質性の確保が前提であるがどの程度同質的であるかを客観的に判断する基準がないので適正な同質化は困難であるといわれている。電気事業のこの方式では査定額が相対的な順位に基づいて算定される。企業の効率化努力の水準が規制当局の最良に依存することが理論モデルで確認された。電気事業のヤードスティック方式では、最上位の事業者以外すべて減額査定となっている。「規制当局の裁量や序数的な評価による査定を行っているので不確実な要因が費用削減のインセンティブを削ぐことになる」[12]といわれる。

電気料金改定が1998年2月10日に行われ、その結果平均4.7％の値下げを実施した。その際ヤードスティック方式が採用された。**図表7-6**の査定では、電源設備、送変電設備、一般経費の3分野についてそれぞれの費用の水準と前回改訂からの変化率を点数化して3段階で評価した。この方式の導入により競争意識や効率化努力そして原価削減の推進に利用された。

東京電力は、電源設備が120億9,200万円、送変電設備が82億500万円、一般経費112億6,200万円の申請よりも減額された原価になっている。東京電力は10社中、申請額よりも原価を合計315億円も削減している。電源設備などの原価を120億円も削減している。2011年3月11日の福島第一原発の電源系統が津波により破壊されたことが原子炉の大事故につながったといわれている。

電源設備の原価削減によるヤードスティックの達成と利潤向上の管理

（単位；100 万円）

	電源設備		送変電設備		一般経費		計
北海道電力	III	1,395	I		II	1,325	2,720
東北電力	I		II	1,885	III	6,610	8,495
東京電力	III	12,092	III	8,205	II	11,262	31,559
中部電力	III	6,627	II	6,522	II	4,538	17,687
北陸電力	I		III	531	I		531
関西電力	II	2,982	III	7,038	II	5,991	16,011
中国電力	II	1,140	III	3,097	I		4,237
四国電力	I		I		III	2,392	2,392
九州電力	I		II	2,086	II	3,357	5,443
沖縄電力	II	179	II	188	III	670	1,037
10 社合計		24,415		29,552		36,145	90,112

(注) 数値は申請より減額された原価の金額。I は減額査定なし、II は 1 ％の減額、III は 2 ％の減額。四捨五入の
　　ため合計額は一致しない。

(出所)「日経産業新聞」1998 年 2 月 19 日より。

を目標としていたことが原子力発電の安全性の軽視につながったのでは
ないかと思われる。

3　2000 年電力自由化における送電線の利用料金（託送料金）

□送電網の維持管理はどうなるのか

　電力自由化のもとで電力卸事業の参入企業が電力会社の送電線を利用
する際に支払う「託送料」の設定額が問題となった。2000 年 3 月から
はじまる大口電力の小売自由化後、1999 年 12 月 27 日に参入企業に開
放する託送料金が、10 電力会社から発表された。電力 10 社は、通産省
（現・経済産業省）が定めた算出ルールにもとづいて託送関連コストを算
出した（**図表 7-7**）。

　1997 年度の業績をもとにした東京電力の託送料金は、当初試算の 3

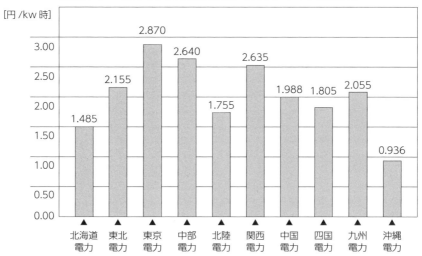

図表 7-7　電力 10 社の託送料金（1999 年 12 月以降）

（注）電源開発促進税 0.445 円を含まず。モデル料金の算出前提となる顧客の利
　　　用時間などは各社で異なる。沖縄電力は小売自由化の対象条件が異なる。
（出所）日本経済新聞 1999 年 12 月 2 日日付より。

円 10 銭から 2 円 87 銭へ 23 銭引下げた。託送料金は、沖縄電力を除く
9 電力のうち東京電力が 2 円 87 銭で最高である。最低が北海道電力の 1
円 48.5 銭である。新規参入企業の電力料金（1 キロワット時当たり）は、
託送料金（送電コスト）に電源開発促進税（0.445 円）を加え、さらに発
電コスト（6 ～ 7 円台）を加えた額（約 9 円から 10 円）となる。電力会社
の火力発電の発電コストが約 10 円程度といわれるので、託送料金が 3
円以下になれば、参入企業は競争力をもつといわれる。

　託送関連コストの計算式を見ると、新規参入企業の電力料金（kw/h）
は、託送料金コスト（東電 2 円 87 銭）＋電源開発促進税（0.445 円）＋発
電コスト（6 ～ 7 円）で 9 円 87 銭となっている。この託送料金をいくら
にするかは、2016 年 4 月 1 日からの電力小売自由化のもとで重要である。
託送料金を高くすれば新規参入者の採算を悪くし、排除することになり
かねない。

図表 7-8　東京電力の設備投資

	1996.3	1997.3	1998.3	1999.3	2000.3	2001.3
有形固定資産増加分	394,631	190,112	-10,961	-85,194	-258,919	-206,617
無形固定資産増加	12,087	10,147	9,718	6,673	31,110	-1,076
減価償却費	895,500	996,901	1,024,192	981,373	999,602	950,157
設備投資額	1,302,218	1,197,160	1,022,959	902,852	771,793	742,464
有利子負債額	10,208,340	10,534,220	10,500,780	10,208,340	10,195,040	9,865,939
自己資本額	1,393,152	1,402,750	1,465,965	1,491,578	1,749,007	1,928,473

（注）（1）設備投資額は、有形固定資産増加分と無形固定資産増加額に減価償却額を加えた額である。
　　　（2）有利子負債額は、長期・短期借入金、1年内返済長期借入金、1年内償還社債、コマーシャルペーパー、社債・
　　　　　転換社債、受取手形割引高、従業員預り金の合計額である。
（出所）有価証券報告書（東京電力）により作成。

図表 7-9　設備投資の内訳（東京電力）　　　　　　　　　　　　（単位；100 万円）

項目			1999 年 3 月	2000 年 3 月	2001 年 3 月	2002 年 3 月	2003 年 3 月	03 年／99 年
								(%)
電気事業	電気事業固定資産	拡充工事　水力	77,816	65,886	42,617	39,693	27,182	34.93
		火力	144,738	139,817	148,175	242,908	135,007	93.28
		原子力	—	—	—	—	—	—
		送電	205,041	115,629	87,811	60,632	48,096	23.46
		変電	103,895	93,235	66,459	26,692	14,259	13.72
		配電	141,630	138,650	126,616	109,390	78,487	55.42
		給電・その他	740	836	955	258	2,717	367.16
		拡充工事計	673,862	554,056	472,634	479,579	305,751	45.37
		改良工事	280,390	281,239	259,873	247,906	174,272	62.15
		調査費	11,287	10,135	24,865	6,482	8,552	75.77
		小計	965,539	845,431	757,373	733,968	488,575	50.60
	燃料費		166,069	161,004	148,610	198,296	156,674	94.34
	計		1,131,609	1,006,435	905,983	932,265	645,250	57.02
情報・通信事業			1,507	20,639	—	4,631	6,949	—
その他の事業					18,394	14,673	19,966	—
合計			1,133,117	1,002,647	902,731	951,570	672,166	59.32

（注）（1）2000 年 3 月期では連結決算重視に移行したため、電気事業固定資産に東京発電（株）621 百万円が加算され、
　　　　　そこから 4,409 百万円が消去されて、841,643 百万円となっている。2001 年 3 月期には、同様に電気事業
　　　　　固定資産 905,983 百万円に東京発電（株）の 549 百万円が加算され、そこから 3,801 百万円が消去されている。
（出所）有価証券報告書（東京電力）より作成。

（単位；100万円）

2002.3	2003.3	2003年／96年
-252,083	-414,299	―
5,021	-58	―
921,493	913,745	1.02倍
674,431	499,388	0.38倍
9,425,153	8,970,089	0.88倍
2,005,261	2,058,535	1.48倍

4　電力規制緩和のもとでの設備投資の削減と工期短縮の節約

□自由化にひそむ電力インフラの危機

　電力会社の設備投資は、1995年をピークに、その後設備投資を抑制している。これは、不況による長期電力需要予測の減少に加えて2000年3月からの大口電力の小売り自由化に対応したものである。この設備投資の抑制は、経営効率化や財務体質の改善のためにコスト削減をともなうことになり、電力従業員の削減や系列の電工各社の経営に大きな影響を及ぼしている。

　東京電力の設備投資をみると、バブル崩壊以降の1990年の1兆214億円から、94年にかけて5,000億円も増加しているが、**図表7-8**を見ると1996年の1兆3,022億円から98年の1兆229億円へ、約2,793億円減少している。それでも、毎年1兆円を超える設備投資が行なわれてきた。しかし2003年3月には5,000億円を下回り4,993億円に減少している。この設備投資の内訳（**図表7-9**）を見ると、核燃料を設備投資に含めていることと設備投資の計算方法が異なっているので図表7-8の設備投資額と異なっている。設備投資は、1999年と2003年を比べると、水力、送電、変電、配電では削減され半分以下になっている。核燃料は94％でほぼ横ばい傾向にある。この設備投資の多くは有利子負債に依存

したため、1990年代には有利子負債が10兆円にも達した。しかし2001年3月期に9兆8,659億円に減少し、03年3月期には8兆9,700億円に減少した。この有利子負債による金利負担が収益を圧迫することになるが、設備投資の減価償却費は総括原価に算入され、電力料金によって回収されてきた。電力自由化のもとで経営効率化や財務体質の改善のため、設備投資を抑制しまた工法変更による工期短縮などの節約を行ない有利子負債を急速に削減した。

また関西電力でも2001年度から自己資金の範囲内に設備投資を抑制した。九州電力も、1999年度の設備投資計画を見直して投資額を圧縮した。北陸電力でも、1997年度に策定した10カ年計画を見直して総投資額を10%ほど削減した。北海道電力でも、2000年度以降の年間投資額は1999年度比8.7%を削減した。

このように、2000年3月からの大口電力の小売り自由化に対応して、設備投資の抑制、有利子負債の削減によってコスト削減をし、さらに稼働率の向上のために火力発電所などの設備廃棄を行なうことによって財務体質の改善をはかり、大口電力料金引下げの余力につなげる方向で効率経営をすすめた。

5 電力小売全面自由化と託送料金（2016年4月以降）

2016年4月から家庭向けの電気も小売全面自由化される。電力会社を含む小売電気事業者が送配電事業者（電力会社の送配電部門）に託送料金を払って家庭まで電気を供給する。小売電気事業者は、託送料金が安ければ電気料金水準を低くすることができる。電力会社の託送料金は全面自由化後も、経済産業省の認可を受ける必要がある。電力10社が経済産業省に申請していた額について電力取引等監視委員会が2015年12月11日に査定結果を発表した。経済産業省は、電力会社に修正指示を出し、2016年4月からの託送料金が確定した。託送料金は、低圧、高圧、

図表 7-10　新託送料金（2016 年 4 月以降）

電力会社	低圧	高圧	特別高圧	(参考) 従量電灯	低圧託送 従量電灯
北海道電力	8.76	4.17	1.85	23.54	37.2%
東北電力	9.71	4.50	1.98	18.24	53.2%
東京電力	8.57	3.77	1.98	19.43	44.1%
中部電力	9.01	3.53	1.85	20.68	43.6%
北陸電力	7.81	3.77	1.83	17.48	44.7%
関西電力	7.81	4.01	2.02	22.83	34.2%
中国電力	8.29	3.99	1.62	20.34	40.8%
四国電力	8.61	4.04	1.79	20.00	43.1%
九州電力	8.30	3.84	2.09	17.13	48.5%
沖縄電力	9.93	5.20	3.01	22.49	44.2%
10 社平均	8.68	4.08	2.00	20.22	43.3%

(注)　家庭・商店向けの従量電灯（低圧）の 1 段料金の単価
(出所)　エネ連帯する会「原発事故の現状と電力産業の将来」2016 年 5 月 29 日

特別高圧の平均単価である。低圧では、北陸電力と関西電力が 1kWh あたり 7.81 円で安い。この託送料金の単価は、定額の基本料金と従量制の電力量料金を含む金額である。

　家庭向け料金プランである「従量電灯」の 1 段料金と比べると東北電力の託送料金が最も割高（低圧託送／従量灯× 100%）で 53.2% である。最も割安は関西電力の 34.2% である。

　託送料金は、総括原価方式で決められるが公聴会もない。また、事業者の不満が大きいのは企業向けの高圧や特別高圧に比べて家族向けの低圧の託送料金が高いことである。家庭まで配電するコストは企業向けと比べると高くなるのは当然だが、コストの配分方法に不透明な部分が多い（エネ連帯する会「原発事故の現状と電力産業の将来」2016 年 5 月 29 日）。

（注）

(1) 経済企画庁物価局『公共料金改革への提言』1996 年 4 月、174 ページ。

(2) 資源エネルギー庁公益事業部編『1995 年度版　電気事業法の解説』通商産業調査会、1995 年 12 月、38 〜 52 ページ。

(3) 日経産業新聞、1998 年 10 月 8 日。

(4) 電事審料金制度部会は、1999 年 1 月 21 日に中間報告を発表し、料金制度改革や電気料金制度のあり方に関する考えを示した。そこでは、総括原価方式の位置づけ、送電線の利用料金、料金引下げ時の届出制について規定している。

(5) アメリカ政府の「コメント」はインターネット（1999 年 1 月）による。

(6) P.C.FUSARO and R.M.M:LLER, what went wrong at ENRON,willy USA.
橋本碩也訳『エンロン崩壊の真実』税務経理協会 2002 年 11 月。

(7) 朝日新聞 2000 年 9 月 14 日。

(8) 資源エネルギー庁公益事業部編『1995 年度電気事業法の解説』通商産業調査会出版部、1995 年 12 月、39 ページ。

(9) 資源エネルギー庁『電力構造改革』通商産業調査会、342 〜 349 ページ。

(10) 資源エネルギー庁公益事業部編、前掲書、39 ページ。

(11) 資源エネルギー庁公益事業部編、同上書、134 〜 135 ページ。

(12) 服部徹、渡辺尚史「料金規制におけるヤードスティック方式」『電力中央研究所報告』1997 年 7 月、1 〜 11 ページ。

第8章

8

電力規制緩和の検証
——電力会社の収益の増大と
　　　　　　　　内部留保の増大——

1　電力産業の規制緩和と収益性の増大

□規制緩和と電力会社の内部留保

電力規制緩和は、電力産業の設備投資の抑制と収益の増大をもたらし、その利益を自己資本へ算入することによって巨額の内部留保の蓄積を促進した。

まず電力産業平均の財務構造（**図表 8-1**、**図表 8-2**）をみると、使用総資本（単独決算による 1 社当りの数値、以下同じ）は、1999 年 3 月には 4 兆 2,479 億円（電力 10 社で 42 兆 4,795 億円）を超えていたが、2003 年 3 月期には 4 兆 1,684 億円に減少している。それだけ設備投資を抑制している。長期借入金や社債の発行によって 1980 年代には巨額の有利子負債を抱えていた。この有利子負債は、1999 年に 3 兆 225 億円弱で、総資本の 71％を占めていた。しかし 2003 年になると有利子負債は、2 兆 6,284 億円で、総資本の 63％になっており、8 ポイントも減少している。

逆に自己資本は 1999 年の 6,043 億円から 2003 年の 7,772 億円へと増加しており、自己資本比率は 1999 年の 14％から 2003 年の 19％へ 5 ポ

図表 8-1　電力産業（1 社当り）の財務構造（1999 年 3 月末）

固定資産		有利子負債	
	3 兆 7,835 億円（89％）		3 兆 225 億円（71％）
		その他の負債	5,416 億円（13％）
流動資産	3,849 億円　（9％）	自己資本	6,043 億円（14％）
	4 兆 2,479 億円（100％）		4 兆 2,479 億円（100％）

（出所）「日経 financialQuest」より作成。

図表 8-2　電力産業の財務構造（2003 年 3 月末）

固定資産	3 兆 7,835 億円（91％）	有利子負債	2 兆 6,284 億円（63％）
有形固定資産	3 兆 3,156 億円（80％）	その他の負債	7,628 億円（18％）
無形固定資産	1,363 億円　（3％）	自己資本	7,772 億円（19％）
投資その他の資産	3,315 億円　（8％）		
流動資産	2,849 億円　（7％）		
資産合計	4 兆 1,684 億円（100％）	総資本	4 兆 1,684 億円（100％）

（出所）日本経済新聞社『日経財務データ』より。

イント上昇している。

　このため利子負担率は、**図表 8-3** を見ると 1999 年 3 月期に電力産業平均で 8.49％、2003 年 3 月期に 4.98％であり、3.5 ポイントも減少している。これは有利子負債が減少したことによる。

　また設備投資が減少したことによって償却費負担率は、1999 年 3 月期の 19.46％から 2003 年 3 月期の 17.95％へ 1.5 ポイントも下落している。

　人件費負担率は 1999 年の 12.22％から 2003 年の 12.3％へと横ばい傾向である。この背景には退職給付会計基準の適用が 2000 年から始まったことで人件費が増加したことによる。もう 1 つの要因は、人件費総額は、1999 年の 1,869 億円から 2003 年の 1,822 億円へと減少しているが、これは期末従業員が 148,000 人余りから 131,000 人へと 4 年間に 17,000 人も削減されたことによる。

　この有利子負債や自己資本（資本金、法定準備金、その他の剰余金）によって調達された資金は、2003 年 3 月期に固定資産に 3 兆 7,835 億円（総

図表 8-3　電力産業の財務・収益構造に関する指標

決算期	1999年 3月期	2003年 3月期	2003年— 1999年
総資本経常利益率 (%)	1.64	2.35	0.71
売上高経常利益率 (%)	4.55	6.7	2.15
総資本回転率 (回)	0.36	0.35	▲ 0.01
売上原価率 (%)	70.64	71.58	0.94
償却費負担率 (%)	19.46	17.95	▲ 1.51
利子負担率 (%)	8.49	4.98	▲ 3.51
人件費負担率 (%)	12.22	12.3	0.08
自己資本比率 (%)	14.23	18.65	4.42
固定比率 (%)	648.77	486.77	▲ 162
期末従業員数 (人)	148,712	131,244	▲ 17,468

(出所) 日本経済新聞社『日経財務データ』(1999年3月期、2003年3月期) より作成。

資産の91％にあたる）も投下されている。この固定資産のうち、有形固定資産は3兆3,156円弱、無形固定資産は1,363億円、投資その他の資産は3,315億円を占めている。このように、建物・構築物、機械装置、土地、その他の有形固定資産に、巨額の投資が行なわれている（**図表8-2**）。

□経常利益率上昇の要因

さらに、電力会社（10社）の単独の総合的収益構造（**図表8-3**）を総資本経常利益率でみると、1999年3月期の1.64％から2003年3月期の2.35％へと上昇している。

この変動要因をみると売上高経常利益率（利幅率）では、1999年3月期の4.55％から2003年3月期の6.7％へと2ポイント上昇している。総資本回転率（投下資本効率）を見ると、1999年の0.36回から2003年の0.35回へと、ほぼ横ばい傾向が続いているが他の業種に比べて低い。

この変動要因は、売上高経常利益率の良否による。そこでこの変動要因を売上原価率でみると、電力産業では、1999年3月期の71％から

2003年の72％弱へやや上昇傾向となっている。売上高経常利益率が上昇した要因は、前述のように利子負担率が8.49％から4.98％へ金利負担が軽くなっている。また償却費負担率も、19.46％から17.95％へと下落しており、設備投資の抑制の結果、低くなっていることがわかる。売上高設備投資比率は、1999年の23％から2003年の8％へと設備投資の抑制により大幅に減少している。

　電力会社は、1995年末の電気事業法改正以降に電力規制を残しながら、地域独占体制のもとで部分的に「競争原理」を入れる方法がとられていた。しかし新規参入組の会社は、ほとんど巨大電力会社の競争相手にはならなかった。ところが社内においては、電力労働者に「電力自由化」のなかで他の電力会社との競争によって顧客（大口）が取られるという危機意識をあおりコスト削減のために強力に合理化を進めていった。1社平均1,700人（10社で17,000人）削減し、労働強化が行なわれた。人件費総額も10社で47億円（1社で4億7,000万円）も削減されている。こうして売上高経常利益率という収益性が向上した。

2　電力規制緩和における東京電力の収益増大

□設備投資と人件費抑制で自己資本比率上昇

　東京電力の財務構造（**図表8-4**、単独決算）を見ると、1999年3月期の自己資本比率は10％で、北海道電力の20％、北陸電力の19％の約半分である。10社平均の14％よりも低く、電力産業の中では最も低い。このため他人資本比率が90％であり、固定負債が総資本の7割を超えていた。有利子負債額は、10兆円を超えており、自己資本の7倍にも達していた。電力産業全般に言えるが、「借金経営」の体質が色濃く残っていた。

　ところが2003年3月期になると自己資本比率は14.9％に上昇し、1994年に比べると4ポイントも増大している。有利子負債も1999年3

月期の 10 兆 4,819 億円から 2003 年 3 月期の 8 兆 9,700 億円へと 1 兆 5,000 億円余りも減少した。このため固定比率は 1999 年 3 月期の 874％から 2003 年 3 月期の 602％へと 272 ポイントも下落し、長期安定性は次第に良くなっている。

　つぎに東京電力の収益性（**図表 8-4**）を見ると、総資本経常利益率は、1990 年代には 1.5％で推移してきた。これは、売上高経常利益率がほぼ 3 〜 4％であるのに対して総資本回転率が約 0.37 回で低いことに起因している。この回転率が低いのは、東京電力に限らず他の電力会社でも同様に低い。

　設備産業の場合、資本の有機的構成の高度化が進むと資本の回転率は低下する傾向にある。これをカバーするのが売上高経常利益率である。この比率は、利子負担率の低下によって 1992 年 3 月期の 12％から次第に減少し、1999 年 3 月期には 9％と 3 ポイントも下落している。さらに 2003 年 3 月期には 4％にまで下がっている。また償却費負担率は、設備投資の抑制により 1997 年 3 月期の 19.89％から 2003 年 3 月期の 19％へと下落している。

　人件費負担率は、1992 年 3 月期の 8.19％から 2003 年 3 月期には 10.89％へと上昇している。だが期末従業員数は、2000 年から 2003 年にかけて 41,882 人から 36,895 人へと 4,987 人も減少している。このように 1995 年からの電力規制緩和のもとで「競争激化」を理由に設備投資抑制、有利子負債の削減、従業員の削減をしている。

　東京電力では、目標利益や財務比率に関する経営目標を設定している。1999 年度の経営計画では、「経常利益 2,000 億円，総資産利益率（ROA）1％、株主資本利益率（ROE）8％、有利子負債 3,000 億円以上の削減などの目標を明示した」（有価証券報告書、東京電力、1999 年 3 月期、16 ページ）。これを実績値で見ると経常利益は、3,500 億円、ROA は 0.6％、ROE は 5％、有利子負債削減額は、2,961 億円となっている。ROA は、これまで決算年度によって変動する傾向にあるが過去 9 年間平均で

図表 8-4　東京電力の財務・収益構造に関する指標（単独ベース）

決算期	1992.3	1993.3	1994.3	1995.3	1996.3
①自己資本比率（%）	12.02	11.42	10.85	10.55	10.10
②固定比率（%）	749.15	790.13	842.49	863.89	911.57
③固定長期適合率（%）	111.59	110.86	110.95	110.82	115.42
④当座比率（%）	16.62	19.11	17.46	20.79	14.62
⑤流動比率（%）	51.56	52.45	48.85	49.76	39.36
⑥総資本経常利益率（%）	1.29	1.32	1.27	1.59	1.23
⑦売上高経常利益率（%）	3.19	3.37	3.39	4.20	3.33
⑧総資本回転率（回）	0.40	0.39	0.37	0.38	0.37
⑨売上原価率（%）	71.43	71.42	71.56	71.50	71.67
⑩償却費負担率（%）	17.15	16.98	17.75	18.40	17.80
⑪利子負担率（%）	12.33	11.45	11.04	10.42	10.49
⑫人件費負担率（%）	8.19	8.41	8.76	8.60	9.52
⑬1人当り売上高（10万円）	1,153	1,162	1,141	1,170	1,163
⑭労働装備率（10万円）	1,997	2,026	2,091	2,145	2,160
⑮人件費（100万円）	376,714	395,157	413,463	427,654	478,990
⑯減価償却費（100万円）	784,835	796,031	835,814	913,545	893,956
⑰支払利息割引料（100万円）	566,936	538,211	521,065	518,418	527,587
⑱期末従業員数（人）	40,081	40,789	41,967	43,115	43,448
⑲1人当たり人件費（万円）	939	968	985	991	1,102

（注）　「人件費・労務費」は労務費・人件費・福利厚生費の合計である。
（出所）日本経済新聞社『日経財務データ』より作成。

0.6％ある。ROE も過去 9 年間平均で、5.5％である。

　2000 年 3 月期以降には総資本経常利益率は 2％以上となって総合的収益が増大している。この結果、自己資本比率が 2000 年 3 月期に 12.24％から 2003 年 3 月期に 14.90％へ 2.5 ポイントも上昇し長期安定性が増大した。

	1997.3	1998.3	1999.3	2000.3	2001.3	2002.3	2003.3
①	10.05	10.41	10.55	12.24	13.49	14.15	14.90
②	923.36	887.76	874.5	748.07	675.33	637.95	602.31
③	112.66	111.28	112.54	111.76	115.21	115.06	109.87
④	13.64	15.18	13.91	13.70	13.46	13.77	14.54
⑤	40.90	44.65	42.92	46.80	42.56	45.23	55.94
⑥	1.03	1.55	1.47	2.43	2.24	2.24	2.01
⑦	2.84	4.14	4.11	6.84	6.13	6.23	5.84
⑧	0.36	0.37	0.36	0.36	0.37	0.36	0.34
⑨	73.61	72.69	71.44	71.09	72.59	73.93	74.63
⑩	19.89	19.50	19.39	19.76	18.18	17.96	19.00
⑪	9.38	9.50	9.28	8.60	7.22	5.94	4.24
⑫	9.39	9.08	10.54	9.06	9.67	9.86	10.89
⑬	1,157	1,224	1,193	1,204	1,255	1,249	1,239
⑭	2,242	2,367	2,396	2,440	2,487	2,470	2,519
⑮	470,631	476,984	533,553	458,416	505,097	505,720	523,456
⑯	995,509	1.022,565	979,420	996,111	946,695	916,939	885,836
⑰	470,186	498,829	469,830	434,999	377,327	304,636	203,952
⑱	43,166	42,672	42,170	41,882	41,403	40,725	36,895
⑲	1,090	1,117	1,265	1,094	1,219	1,241	1,418

3　電力規制緩和に対応した電力経営

□原発以外の設備投資を削減

　電力産業（電力10社）は、「発電電力量の見通し」を立てている。この見通しによると、原子力による発電量が1990年度の27％から2010年度には39％へ8ポイントも高くなる見通しになっている。逆に石油等による供給が29％から7％へ、22ポイントも下がる見通しを設定している。これらの電力見通しのもとで、電源設備への投資が行われる。

図表 8-5　電力企業の設備投資（連結ベース）

（単位：100万円）

決算期	2000.3	2004.3	2006.3
電力合計	3,357,297	2,021,255	1,803,708
東京電力	1,002,647	663,967	623,726
関西電力	628,900	321,503	268,651
中部電力	498,600	244,200	156,252
東北電力	308,037	190,085	189,109
中国電力	180,200	98,400	117,900
九州電力	289,700	217,900	197,900
四国電力	127,399	72,194	63,044
北陸電力	144,562	95,463	77,206
北海道電力	118,427	98,247	94,039
沖縄電力	58,825	19,296	15,881
Ｊパワー（電源開発）	－	－	60,861

（注）(1) 設備投資額は、『有価証券報告書』の「設備の状況」欄に記載されている設備投資である。
　　　(2) 2006年3月期の電力合計には、Ｊパワーの設備投資分を期間比較のために含めていない。
（出所）「有価証券報告書」（電力各社）より作成。

すでに1980年代の脱原油と原子力発電の重視のもとで原子力発電設備が急増したのに対して、石油等の発電設備が、1975年度の59.1％を境にして下落し、94年度には27.9％、2000年度には22.9％にまで落ち込んでいる。

　電力企業の設備投資（**図表 8-5**）を見ると、2000年3月期の3兆3,572億円から2004年3月期には2兆212億円に落ち込んでいる。さらに2006年3月期の1兆8,037億円に減少している。この6年間に1兆5,535億円も減少した。各電力企業別の設備投資を見ると、2006年3月期には首都圏の東京電力、関西電力の2社の設備投資が多く、ついで九州電力、東北電力、中部電力がつづき、中国電力、北海道電力、北陸電力、沖縄電力の順となっている。

　このように電力企業の設備投資は、2000年3月期の第2次規制緩和以降に設備投資を大幅に抑制している。これは2000年3月からの大口電力の小売自由化に対応したものである。この設備投資の抑制は、経営

効率化や財務体質の改善のためにコスト削減を行なうことにより、電力労働者の削減や系列の電工各社の経営にも大きな影響を及ぼした。

□ 2000 年代の電力各社の投資

東京電力の設備投資をみると、2000 年 3 月期の 1 兆 26 億円から 2004 年 3 月期の 6,639 億円に減少している。この設備投資の内訳を『有価証券報告書（東京電力）』の「設備の状況」で見ると、「設備のスリム化及びコストダウン」に努め設備投資している。設備投資は、2000 年の 1 兆円と 2006 年 6,237 億円を比べると、水力、火力、変電では削減され 6 割になっている。核燃料は年間 1,000 億円超でほぼ横ばい傾向にある。

関西電力でも 2002 年 3 月期の設備投資 6,289 億円から 2006 年 3 月期には 2,686 億円に半減した。自己資金の範囲内に設備投資を抑制した。関西電力は、「電力の安定供給とコストダウンを目指して」（有価証券報告書、2006 年 3 月期）設備投資を図っている。

中部電力も「電力の安定供給と経済のバランスに留意し、コストダウンを推進し、地球環境問題への取組みなどに重点」（有価証券報告書、2006 年 3 月期）をおいている。設備投資は、2000 年 3 月期の 4,986 億円から 2006 年 3 月期の 1,562 億円へと半分以下に減っている。

九州電力は、「供給コストの一層の低減、長期安定供給を図る」（有価証券報告書、2006 年 3 月期）ことを目指し、2006 年 3 月期には、水力、原子力、送電、変電、配電への投資を増やし、火力と核燃料を減らしている。

東北電力は、「電力の安定供給と電力原価の高騰抑制をはかる」ことを目標にして 2000 年 3 月期は送電設備や変電設備を整備し、2006 年 3 月期には「東通原子力発電所第 1 号機の完成や北新潟変電所を増設した」（有価証券報告書、2006 年 3 月期）。

中国電力は、2004 年 3 月期から 2006 年 3 月期にかけて「ベストミックスの実現をめざした電源開発を進めるとともに安定供給を確保」（有

図表8-6　電力各社の財務・収益構造(2006年3月期、単独ベース)に関連する指標

	東京電力	関西電力	中部電力	東北電力	中国電力	九州電力
総資本経常利益率(%)	3.04	3.49	3.77	1.01	2.67	2.98
自己資本当期純利益率(ROE)(%)	10.67	9.3	7.87	6.29	5.25	7.18
売上高経常利益率(%)	8.04	9.12	9.95	2.54	6.71	8.59
売上原価率(%)	78.11	74.44	73.73	81.2	75.03	70.47
売上総利益率(%)	21.89	25.56	26.27	18.8	24.97	29.53
販売及び一般管理費率(%)	11.03	13.29	11.36	13.6	15.58	17.52
営業利益率(%)	10.86	12.27	14.91	5.20	9.40	12.01
売上高当期利益率(%)	5.28	5.97	5.40	3.57	3.10	5.20
総資本回転率(回)	0.38	0.38	0.38	0.40	0.40	0.35
棚卸資産回転日数(日)	75.43	84.62	53.23	40.09	54.54	73.24
有形固定資産回転率(回)	0.52	0.54	0.49	0.52	0.49	0.46
流動比率(%)	67.07	99.85	50.03	58.46	73.53	76.11
自己資本比率(%)	19.61	25.52	28.03	22.96	23.86	25.81
固定比率(%)	450.43	342.38	326.53	395.96	379.91	345.39
固定長期適合率(%)	107.11	100.02	110.21	107.65	103.85	103.96
負債比率(%)	410.04	291.91	256.82	335.61	319.06	287.41
配当性向(%)	31.07	38.84	40.77	51.27	60.25	41.11
自己資本配当率(%)	3.31	3.61	3.21	3.22	3.16	2.95
人件費負担率(%)	7.75	10.02	9.08	10.82	12.14	12.58
償却費負担率(%)	15.64	14.22	16.14	16.25	14.07	15.52
利子負担率(%)	3.11	2.61	4.51	2.97	2.85	2.89
従業員数(人)	36,179	22,233	15,299	11,423	9,667	13,069
1人当たり売上高(10万円)	1,365.7	1,075.07	1,325.87	1,298.47	1,004.25	1,001.01

価証券報告書、2006年3月期)するために原子力発電への投資を2004年3月期の91億円から2006年3月期の267億円へと増大させている。

　北海道電力は、「電源の多様化の推進、流通設備の拡充を目的」(有価証券報告書、2006年3月期)として、2000年3月期から2006年3月期にかけて火力発電への投資から原子力発電への投資を増加させている。

　北陸電力は、「安定供給と環境保全の推進、効率的な設備形成」(有価証券報告書、2006年3月期)を目指している設備投資は2000年3月期の1,445億円から2006年3月期の772億円へと半減している。

　四国電力は、「需要増加に対応した送電線・配電系統増強工事など」

四国電力	北陸電力	北海道電力	沖縄電力	Jパワー	電力平均	
2.89	1.88	3.37	3.88	2.67	2.95	総資本経常利益率 (%)
7.81	5.15	7.56	10.20	8.68	8.40	自己資本当期純利益率 (ROE)(%)
7.52	6.23	9.17	9.79	9.05	7.91	売上高経常利益率 (%)
77.50	76.68	70.41	73.36	76.45	75.79	売上原価率 (%)
22.50	23.32	29.59	26.64	23.55	24.21	売上総利益率 (%)
12.47	12.13	17.94	13.91	8.36	12.95	販売及び一般管理費率 (%)
10.20	11.19	11.65	12.74	15.19	11.26	営業利益率 (%)
5.35	3.96	5.87	6.38	5.90	5.11	売上高当期利益率 (%)
0.38	0.30	0.37	0.40	0.29	0.37	総資本回転率 (回)
85.26	71.89	54.35	14.13	9.18	65.46	棚卸資産回転日数 (日)
0.55	0.38	0.46	0.45	0.35	0.49	有形固定資産回転率 (回)
62.33	64.57	68.32	23.33	31.58	66.56	流動比率 (%)
25.61	23.64	29.30	26.45	21.11	23.56	自己資本比率 (%)
339.29	376.37	310.91	362.45	449.41	379.81	固定比率 (%)
110.02	107.29	104.75	116.48	113.21	106.27	固定長期適合率 (%)
290.43	323.00	241.30	278.06	373.60	324.47	負債比率 (%)
44.46	58.69	34.92	10.41	27.44	38.11	配当性向 (%)
3.47	3.02	2.64	1.06	2.38	3.20	自己資本配当率 (%)
10.36	10.03	14.31	10.64	4.94	9.51	売上高人件費率 (%)
15.81	27.30	13.21	17.62	23.13	16.01	売上高減価償却費率 (%)
2.69	5.11	2.38	3.00	6.20	3.31	売上高支払利息割引料率 (%)
4,433	4,692	5,274	1,497	2,132	126,844	従業員数 (人)
1,115.59	789.49	966.83	969.65	2,647.41	1,209.84	1人当たり売上高 (10万円)

(出所) 日本経済新聞社『日経財務データ』(2006 年度版) より作成した。

（有価証券報告書 2006 年 3 月期）に投資しているが 2000 年から 2006 年にかけて設備投資は半減した。

　沖縄電力は、「台風等の自然災害防止やコスト削減」（有価証券報告書 2006 年 3 月期）を目指しているが、設備投資は、2000 年 3 月期の 588 億円から 2006 年 3 月期の 158 億円に大幅に減少した。

　このようにして電力企業は、2000 年 3 月の大口電力の小売自由化後も「電力の長期安定供給」を図ることを目指して設備投資を行っている。ただこの場合、従来の設備投資が東京電力で年間 1 兆 5,000 億円も超えていたが、2006 年には 6,000 億円超と半減している。設備投資を抑制し、

減価償却費、支払利息、人件費の「コスト削減」を図り、収益力のある電力企業をめざしている。また、中国電力や北海道電力では原子力発電への投資を増大させている。

□各社の財務構造の変化

つぎに各 10 電力企業の財務・収益構造の特徴を 2006 年 3 月期で見ていこう。

電力各社の財務構造（**図表 8-6**、2006 年 3 月期、単独ベース）に関連する指標を見ると、2,006 年 3 月期には東京電力の自己資本比率は 19.61 ％で、北海道電力の 29.3 ％、中部電力の 28.03 ％より少ないのである。電力 10 社平均の 23.56 ％よりも低く、電力会社の中では最も低くなっていた。このため他人資本比率が 80 ％であり、とりわけ固定負債が総資本の 6 割を超えていた。有利子負債額は、7 兆円を超えており、自己資本の 3 倍にも達していた。有利子負債は、金融機関からの長期借入金と電力債の発行による。これを可能にしたのが総括原価方式と地域独占体制であった。

電力会社全般に言えるが、地域独占体制のもとで「借金経営」の体質が色濃く残っていた。

他方、東京電力の資産構成を見ると、固定資産が総資産の 88 ％を占め、流動資産はわずか 12 ％程度である。このために流動比率は 67.07 ％超と低く、逆に固定長期適合率が 107 ％、固定比率も 450 ％と高く、民間の企業よりも高い。このような財務構造に到ったのは 2000 年 3 月期以降に第 2 次規制緩和のもとで、先に見た設備投資の抑制、有利子負債の減少によって自己資本比率が高まっており、逆に固定比率は減少傾向にあるので長期安定性は増している。また流動比率は、関西電力が99.85 ％で最も支払能力が高いが、沖縄電力は 23.33 ％で低い。電力平均でも 66.56 ％であるが、公益事業で確実に月末には現金が入金するので問題はないのである。

□各社の収益性

つぎに各電力企業の収益性を見ると、東京電力の総資本経常利益率は、2006年3月期に3.04％にまで上昇した。これは、売上高経常利益率が8.04％であるのに対して総資本回転率が約0.38回で資本効率が低いことに起因している。この回転率が低いのは、東京電力に限らず他の電力会社でも同様に低い。電力平均で0.37回である。

設備産業の場合、資本効率が悪い傾向にあるが、これをカバーするのが売上高経常利益率である。この変動要因である東京電力の利子負担率は、金利の低下によって2000年3月期の8.6％から次第に減少し、2006年3月期には3.11％と5.5ポイントも下がっている。また償却費負担率は設備投資の抑制により2000年3月期の19％から2006年3月期の15.64％へとやや下落した。

人件費負担率は、2000年3月期の9.06％から2006年3月期は7.75％へと下落している。これは期末従業員数が、2000年から2006年にかけて41,882人から36,179人へと5,700人も減少している点にも表れている。

東京電力以外の電力企業の場合も総資本回転率は低く、電力平均で0.37回である。売上高経常利益率が、電力平均で7.91％で上昇傾向にある。期末従業員数で見ると、電力企業（10社）では、2000年3月期の149,932人から2006年3月期の126,844人へと6年間に23,088人の減少となっている。このため、人件費負担率は、2000年3月期の11.28％から2006年3月期の9.51％へと1.77ポイントも下落している。最も低い企業はＪパワーの4.94％で大きな開きがある。

また、電力平均の配当性向は、2000年3月期の80.74％から2006年3月期の38.11％に下落している。労働生産性の指標である1人当たり売上高は、2000年3月期の1億413万円から2006年3月期の1億2,098万円へと1,685万円も増加している。

このように人件費、減価償却費、支払利息などの費用を削減し、売上高経常利益率を高めている。この利益率を高める要因の1つが退職給付

図表 8-7　資金運用表（東京電力、単独ベース、2006年3月期）　　　　　　　　　　　　（単位；100万円）

資金運用		資金調達	
設備投資	377,703	内部留保（利益準備金、その他の剰余金、長期引当金、旧特定引当金の増減額）	193,153
		当期減価償却費	772,852
投融資	291,645		
社債・転換社債	477,442		
長期借入金	263,757		
その他固定負債	30,497		
その他流動負債	229	繰延資産	32
		買入債務	44,501
短期資金運用（現預金、売上債権、棚卸資産、その他の増減）	1,978	短期借入金	462,123
資金過不足	29,410		
資金運用合計	1,472,661	資金調達合計	1,472,661

長期資金運用　1,441,044
短期資金運用　2,207
長期資金調達　966,037
短期資金調達　506,624

(注) 設備投資は有形固定資産増加額＋無形固定資産増加額＋当期減価償却費による。

(出所) 有価証券報告書（東京電力、2006年3月期）より作成。

債務の積立過剰の状況になっていることである。2000年3月期は、退職給付債務の積立不足が問題となっていたが、2006年3月期には電力合計で4,129億円余りの積立過剰が生じている。なお積立不足の電力会社は北海道電力と沖縄電力の2社である。

□東電の資金調達と運用

　次に資金運用表（東京電力）によって資金調達と資金運用がどのように行われたかを明らかにしよう。2006年3月期（**図表8-7**）に、内部留保1,931億円と当期減価償却費7,728億円の減価償却費による内部資金9,660億円は設備投資3,779億円や投融資2,916億円に投入し、さらに社

債・転換社債 4,774 億円の償還や長期借入金 2,637 億円、そして「その他の固定負債」304 億円の返済などにあてたと考えられる。東京電力の資金調達・運用の状況を見ると、設備投資は 1980 年代のように長期借入金の融資や社債発行により行われるのでなく、減価償却費の範囲内で行われている。設備投資の抑制によって減価償却費（内部資金）は余剰となり、これを借入金返済や社債償還にも回している。また、内部留保も巨額になっており、投融資や自己株式の取得などに運用していると考えられる。

　短期資金の調達と運用を見ると、短期資金調達は、買入債務が 445 億円、短期借入金が 4,621 億円で合計 5,066 億円である。短期資金運用は、現預金や売上債権そして棚卸資産などが 19 億円である。短期資金調達が短期資金運用を大幅に上回っている。

4　電力産業と東京電力の内部留保

□コスト削減による内部留保

　2000 年 3 月からの電力の小売自由化のもとで、電気料金の値下げなどで電力 10 社の売上高（営業収益）は 2002 年 3 月期から 2004 年 3 月期にかけて 7％減少している。ところが労務費の削減が 2002 年 3 月期から 2006 年 3 月期にかけて 6％も減少し、販売費および一般管理費中の人件費も 2002 年 3 月期の 1 兆 27 億円から 2006 年 3 月期の 7,646 億円へと 23％も減少している。また、支払利息割引料も 2000 年 3 月期の 1 兆 2,230 億円から 2006 年 3 月期の 5,500 億円へと半分以下になっている。減価償却費も 2000 年 3 月期の 3 兆 41 億円から 2006 年 3 月期の 2 兆 4,695 億円へと 5,000 億円も減少した。この費用削減によって当期未処分利益が増加したことにより内部留保額は増大した。**図表 8-8** によると電力産業（電力 10 社）では 2000 年 3 月期の 8 兆 64 億円から 2006 年 3 月期の 12 兆 2,857 億円へと増大している。これに対して従業員数は 2000 年

図表 8-8　電力産業の内部留保（単独ベース）と従業員数　　　　（単位；100 万円）

	電力産業（電力 10 社）				
	2000.3	2003.3	2006.3	2011.3	2015.3
利益準備金	633,382	649,552	650,054	650,050	621,831
その他利益剰余金	3,356,338	4,302,334	5,602,958	3,829,868	721,297
退職給与引当金（退職給付引当金）	1,115,737	1,636,169	1,533,318	1,402,873	1,270,337
長期性引当金	2,565,082	3,459,537	4,003,023	3,948,125	4,235,169
旧特定引当金（特別法上の引当金）	41,864	29,312	66,867	99,186	121,862
貸倒引当金（流動資産の評価）	20,035	18,876	9,815	8,980	12,166
貸倒引当金（「投資その他の資産」の評価）	3,908	9,437	9,157	10,012	3,385
資本準備金	270,084	270,150	410,516	635,053	1,141,931
内部留保合計 （　）内の金額は 1 社平均	8,006,430 (800,643)	10,375,367 (1,037,537)	12,285,708 (1,228,570)	10,584,147 (1,058,414)	8,127,978 (812,797)
従業員数 （　）内の金額は 1 社平均	149,932 (14,993)	134,314 (13,431)	126,844 (13,684)	122,495 (12,249)	122,991 (12,299)
1 人当たり内部留保（万円）	5,340	7,724	9,685	8,640	6,608

（注）（1）長期性引当金は、使用済核燃料再生処理引当金に原子力発電施設解体引当金を加えた額である。なお、
　　　　　日本国際博覧会出展引当金（2003 年 3 月期のみ）を含んでいる。
　　　（2）旧特定引当金は、「特別法上の引当金」である。
　　　（3）2003 年 3 月期以降から「その他利益剰余金」は計上されなくなった為に、「任意積立金プラス「当
　　　　　期未処分利益」によって計算した額とした。
　　　（4）2006 年 3 月期の「電力平均」には J パワーも含んでいる。
（出所）　有価証券報告書（東京電力）および日本経済新聞社『日経財務データ』（電力）より作成。

図表 8-9　東京電力の内部留保の推移（単独ベース）　　　　（単位；100 万円）

決算期	2000 年 3 月期	2003 年 3 月期	2006 年 3 月期	2011 年 3 月期	2015 年 3 月期	2016 年 3 月期
内部留保 の合計	2,502,487	3,421,705	3,843,262	2,875,806	3,318,956	2,647,356

（注）内部留保は利益準備金、その他利益剰余金、資本準備金、退職給付（給与）引当金、特別法
　　　上の引当金、原発に対する長期性引当金、貸倒引当金を含む。
（出所）「有価証券報告書（東京電力）」に基づき筆者が計算し作成。

3月期の 149,932 人から 2006 年 3 月期の 126,844 人へ 23,088 人減少している。

さらに 2011 年 3 月 11 日の東日本大震災と東京電力の原発事故のもとで内部留保は、10 兆 5,841 億円に減少した。その後も、原発停止のもとで内部留保は、2015 年 3 月期に 8 兆 1,279 億円に減少している。このため 1 人当たり内部留保は 2011 年の 8,640 万円から 6,608 万円へと 2000 万円の減少となっている。

また東京電力の内部留保（**図表 8-9**）を見ると、2000 年の 2 兆 5,024 億円から 2006 年の 3 兆 4,217 億円へと 1.4 倍も増加している。さらに 2011 年の 2 兆 8,758 億円から 2016 年の 2 兆 6,473 億円へと 2,284 億円減少している。これは原子力発電の事故などに対する原子力損害賠償引当金が 2,284 億円も減少したことによる。このことによって被災地の住民にとって損害賠償に対する不安が生じている。

□総括原価方式が原発事故で破綻

2000 年の電力自由化以降 2007 年までには内部留保は利益の増大による利益剰余金の蓄積が増えている。また設備投資を見ると 1980 年代の原子力発電投資や送電線への投資が長期借入金や社債の発行によって行われている。東京電力では年間 1 兆 5,000 億円もの設備投資が行なわれていた。とりわけ原子力発電の投資は巨額であったが、巨額の設備投資は総括原価の中に減価償却費を計上することによって電気料金に算入することによって投資資金を回収してきた。それゆえに原子力発電などへの投資資金は、地域独占体制と総括原価方式による電気料金への算入によって確実に回収されてきた。総括原価にはさまざまな名目で水増しされた原価が含まれており、利益は事業報酬によって保証されていた。

1965 年から現在までの東京電力の赤字は 1980 年 3 月期と 2008 年 3 月期、2009 年 3 月期、2012 年 3 月期、2013 年 3 月期の 5 回生じている。また利益剰余金は、原発事故後に 2012 年 3 月期から 2016 年 3 月期にか

けてマイナスが続いている。これは電力会社の利益が事業報酬として予め総括原価のなかに含まれており、長期的に利益を計上していたからである。しかし一旦、原発事故により巨額損失が生じると、利益剰余金（公表内部留保）も一転してマイナスとなるのである。

□効率重視が安全軽視につながる

これまで電力自由化から原発事故のもとでの電力産業や東京電力の財務・収益分析や内部留保分析を行なってきた。電力自由化は、部分自由化であり一般家庭を含む全面自由化は、2016年4月1日から施行された。2000年3月からの部分自由化に対応して託送料金の問題や総括原価計算の中に効率化努力目標を課したヤードスティック方式に対応しながら従来以上に総資本経常利益率を高めてきた。

また料金原価のなかに原子力バックエンド費用を算入するためのコスト計算が行われた。2000年3月には実際には原子力施設解体費用等も見積りで、まだ確定していなかった。

電力自由化のもとで経営効率化を図るために設備投資が抑制され、電工各社に影響を与えていた。この影響は、従業員数も大幅に削減され1人当たりの労働密度が高くなり労働強化が行なわれていった。

2000年3月から大口電力の小売自由化に対応して、設備投資の抑制、有利子負債の削減によってコスト削減をはかり、大口電力料金引下げの余力につなげる方向で効率経営をすすめてきた。この結果、収益性が向上し、自己資本の増大、有利子負債の減少そして内部留保の増大となった。こうした効率経営のための設備投資の抑制は、老朽化した原子力発電設備に対する対策を怠り、安全性の軽視につながったのではないかと考えられるのである。

その後2011年3月11日の東電福島原発事故によって東京電力の内部留保は、2006年3月期の3兆8,432億円と比べ2011年3月期には9,674億円も減少した。さらに2016年3月期の内部留保は、2011年3月期と

図表 8-10　東京電力の財務・収益構造に関する指標（単独ベース）つづき

決算期	2009.3	2010.3	2011.3	2012.3	2013.3	2014.3	2015.3
①自己資本比率（%）	16.41	17.09	8.87	3.48	5.69	8.56	12.08
②固定比率（%）	560.54	548.7	911.61	2468.33	1454.73	973.94	700.08
③固定長期適合率（%）	108.74	110.64	93.25	101.58	96.56	96.62	99.28
④当座比率（%）	30.06	20.76	130.64	69.03	97.62	98.57	82.14
⑤流動比率（%）	52.08	40.86	144.12	91.29	120.66	121.23	104.16
⑥総資本経常利益率（%）	−0.69	1.24	2.02	−2.78	−2.54	0.30	1.19
⑦売上高経常利益率（%）	−1.60	3.30	5.27	−7.99	−6.55	0.67	2.52
⑧総資本回転率（回）	0.43	0.37	0.38	0.35	0.39	0.44	0.47
⑨売上原価率（%）	88.18	82.09	82.05	97.71	97.34	91.20	89.53
⑩償却費負担率（%）	12.69	14.62	12.88	12.75	10.37	9.66	9.19
⑪利子負担率（%）	2.39	2.70	2.42	2.49	2.07	1.75	1.49
⑫人件費負担率（%）	8.19	9.57	7.98	6.83	5.67	5.24	5.09
⑬1人当り売上高（10万円）	1,566	1,329	1,409	1,377	1,569	1,822	1,964
⑭労働装備率（10万円）	2,489	2,410	2,317	2,219	2,191	2,239	2,324
⑮人件費（100万円）	462,018	459,926	410,619	348,615	327,390	355,972	355,080
⑯減価償却費（100万円）	708,628	709,837	648,800	645,547	593,176	625,622	605,586
⑰支払利息割引料（100万円）	134,693	129,599	124,467	127,232	119,445	113,058	99,009
⑱期末従業員数（人）	36,038	36,328	36,683	37,459	36,077	34,689	32,831
⑲1人当り人件費（万円）	1,282	1,273	1,124	940	890	1,026	1,081

（出所）日本経済新聞『日経財務データ』及び有価証券報告書（東京電力）各年版より作成

比べると 3,284 億円ほど減少している。

5　原発事故後の東電経営

　図表 8-10 により、規制緩和から 2011 年 3 月の原発事故後の東電経営を見ていこう。2009 年 3 月期はリーマンショックの影響で日本経済は不況に陥った。このため東京電力の総資本経常利益率はマイナス 0.69％となった。その後 2011 年 3 月期に 2.02％に回復したが同年 3 月

11日の原子力発電事故で2012年3月期にマイナス2.78％、2013年3月期にマイナス2.54％の赤字になった。2014年になると0.3％とやや回復した。

　東京電力は1980年〜1990年代にかけて巨額の設備投資を行なった結果、過剰投資の傾向が見られるが、減価償却費は総括原価の中に入り、電気料金によって投下資本は回収された。ところが巨額の投資は総資本回転率を下落させ、0.3〜0.4回転で資本効果を悪くしている。この影響が固定比率に表われている。2011年3月期が911％、2012年3月期が2468％、2013年3月期が1454％と悪化していることがわかる。売上高経常利益率は、2011年3月期が5.27％で良かったが2012年、2013年にはマイナス7.99％、マイナス6.55％で悪い。同期には売上原価率が97％に達している。償却費負担率も2011年、2012年には12％を超えて高い。人件費負担率も従業員の削減により2012年の6.83％から2015年には5.09％に下がっている。四国電力の場合も、売上高経常利益率は、2013年3月期にマイナス12.64％まで下がっている。この収益性の下落が内部留保の減少に影響した。

第9章

世界の原子力発電と
日本の原子力産業の海外進出

1　世界各国の発電電力量に占める原子力発電の割合

□「世界第3位の原発大国」

　世界各国の原子力発電設備の運転・建設状況（2013年1月1日現在。**図表9-1**）を見ると、日本原子力産業協会の調べでは日本は、米国、フランスに次いで3位の原子力発電設備（50基）を有している。日本は、建設中と計画中の出力量を含めると、2位のフランスを上回る63基の原子力発電設備を保有することになる。しかし2014年1月現在、日本の原子力発電所はすべて稼働していない。統計資料では日本の原発保有は48基となっている。建設中が4基、計画中が8基で合計60基となっている。世界の原子力発電所は、2013年1月1日に運転中が429基、建設中が76基、計画中が97基で合計602基が運転・建設・計画中となっている。世界の原子力発電所は、運転中の出力合計が3億8,823.4万kwで建設中と計画中を加えると、4億7,686.1万kwになる。炉型別（運転中）に見ると軽水炉が3億4,148.6万kwで圧倒的に多い。世界の軽水炉型のうち加圧水型軽水炉（PWR）が271基、沸騰水型軽水炉（BWR）が

図表 9-1　世界の原子力発電設備の運転・建設状況（2013年1月1日現在）

（単位；万kw）

項目　　　国名	進捗別							
	運転中		建設中		計画中		合計	
	出力	基	出力	基	出力	基	出力	基
米国	10,658.20	104	120	1	1,066.00	9	11,844.20	114
フランス	6,588.00	58	163	1			6,751.00	59
日本	4,614.80	50	442.1	4	1,240.70	9	6,297.60	63
ロシア	2,519.40	29	1,026.00	11	1,815.00	17	5,360.40	57
韓国	2,071.60	23	520	4	700	5	3,291.60	32
カナダ	1,424.00	19					1,424.00	19
ウクライナ	1,381.80	15	200	2			1,581.80	17
ドイツ	1,269.60	9					1,269.60	9
中国	1,259.80	15	3,499.60	32	2,582.80	23	7,342.20	70
英国	1,092.70	16			326		1,418.70	18
スウェーデン	942.8	10					942.8	10
スペイン	738.3	7					738.3	7
ベルギー	619.4	7					619.4	7
台湾	522.4	6	270	2			792.4	8
インド	478	20	530	7	530	4	1538	31
チェコ	406.6	6			200	2	606.6	8
スイス	340.5	5					340.5	5
フィンランド	286	4	172	1	260	2	718	7
ブルガリア	200	2					200	2
ハンガリー	200	4					200	4
ブラジル	199.2	2	140.5	1			339.7	3
スロバキア	195	4	94.2	2			289.2	6
南アフリカ	194	2					194	3
ルーマニア	141	2	211.8	3			352.8	5
メキシコ	136.4	2					136.4	2
アルゼンチン	100.5	2	74.5	1			175	3
パキスタン	78.7	3	68	2			146.7	5
スロベニア	72.7	1					72.7	1
オランダ	51.2	1					51.2	1
アルメニア	40.8	1					40.8	1
アラブ首長国連邦			140	1	420	3	560	4
イラン			100	1	38.5	1	138.5	2
トルコ					480	4	480	4
インドネシア					400	4	400	4
ベトナム					400	4	400	4
ベラルーシ					240	2	240	2
エジプト					187.2	2	187.2	2
リトアニア					138.4	1	138.4	1
イスラエル					66.4	1	66.4	1
カザフスタン					N／A	1	N／A	1
ヨルダン					N／A	1	N／A	1
合計	38,823.40	429	7,771.70	76	11,091.00	97	57,686.10	602

（注）　N／Aは出力不明の意味。フィンランドの計画中の2基は出力不確定のため仮定して集計。
（出所）（1）「世界の原子力発電開発の動向2013年版」（社）日本原子力産業協会 2013年5月

83 基で、合計 354 基である。重水炉は 48 基、軽水冷却黒鉛減速炉が 11 基、ガス炉が 15 基、高速炉が 1 基となっている[(1)]。

□世界のエネルギーの趨勢

　各国の総発電電力量に占める原子力発電の割合を見ると、2010 年度には、アメリカが 19.2%、フランスが 74.8%、日本が 26.7%、イギリスが 16.3%、ドイツが 22.6%、韓国が 37.9%、カナダが 15.0% となっている。2012 年度の世界の主要国の発電源別構成比（**図表 9-2**）を見ると、各国のエネルギー政策が反映している。アメリカは火力発電が 68.5% で最も高い比率を占めている。フランスは、原子力発電が 75.8% で高い。ドイツの原子力発電の割合は 16.1% であるが、将来、原子力発電には依存しない。火力発電に 59.2%、水力等に 24.7% を依存している。

　イタリアは、火力発電に 68.1%、水力等発電に 31.9% を占めており、原子力発電には全く依存していない。

　イギリスは、火力発電に 68.0%、水力発電に 12.6% を占めている。原子力発電には 19.4% 依存している。これらの国以外のロシアの原子力発電の占める割合は 15.6% で高いが、中国やインドは、その割合が 2% 台で低い。イタリアは、原子力発電はゼロで、火力発電が 72.7%、水力発電が 27.3% となっている。

　2012 年度になると、ドイツの原子力発電の割合が 2010 年度の 22.6% から 2012 年度の 16.1% へと 6.5 ポイントも減らしている。それに代わって水力等の自然エネルギーが 8.0% から 12.6% へと 4.6 ポイントも増えている。原子力発電をなくし、再生可能エネルギー等へ電源構成比を代えていることがわかる。

　フランスの原子力発電の割合が 74.8% から 75.8% へ 1 ポイント増やしている。また、イギリスも 16.3% から 19.4% へと 3.1 ポイントも引き上げている。

図表 9-2　世界の主要国の発電源別構成比（2010 年度、2012 年度）

(単位；10 億 kWh)

項目	国名	日本		アメリカ	
		2010 年度	2012 年度	2010 年度	2012 年度
火力	石炭	288.6　(26.7)	291.5　(28.3)	1994.5　(45.7)	1640.5　(38.2)
	石油	95.0　(8.8)	171.1　(16.6)	48.2　(1.1)	29.1　(0.7)
	天然ガス	294.4　(27.3)	425.9　(41.2)	1011.1　(23.2)	1277.3　(29.7)
	計	678.0　(62.8)	888.5　(86.0)	3053.8　(70.0)	2946.9　(68.5)
原子力		288.2　(26.7)	11.2　(1.1)	838.9　(19.2)	799.7　(18.6)
水力等		113.6　(10.5)	134.0　(13.0)	468.7　(10.7)	553.2　(12.9)
合計		1,079.8 (100.0)	1,033.8 (100.0)	4,361.4 (100.0)	4,299.8 (100.0)

項目	国名	フランス		ドイツ	
		2010 年度	2012 年度	2010 年度	2012 年度
火力	石炭	26.5　(4.6)	22.7　(4.0)	270.5　(43.6)	286.4　(46.4)
	石油	6.3　(1.1)	3.2　(0.6)	7.5　(1.2)	9.5　(1.5)
	天然ガス	26.2　(4.6)	20.5　(3.6)	84.5　(13.6)	70.0　(11.3)
	計	59.0　(10.3)	46.3　(8.3)	362.5　(58.4)	365.9　(59.2)
原子力		428.6　(74.8)	425.4　(75.8)	140.6　(22.6)	99.4　(16.1)
水力等		85.3　(14.9)	89.5　(16.0)	117.9　(19.0)	152.3　(24.7)
合計		572.9 (100.0)	561.2 (100.0)	621.0 (100.0)	617.6 (100.0)

項目	国名	イタリア		イギリス	
		2010 年度	2012 年度	2010 年度	2012 年度
火力	石炭	41.6　(14.0)	47.1　(15.9)	109.8　(28.8)	143.6　(39.5)
	石油	21.5　(7.2)	18.7　(6.3)	3.4　(0.9)	3.6　(1.0)
	天然ガス	153.8　(51.6)	135.8　(45.8)	175.5　(46.0)	99.8　(27.5)
	計	216.9　(72.7)	201.7　(68.1)	288.7　(75.7)	246.9　(68.0)
原子力		－　　－	－　　－	62.1　(16.3)	70.4　(19.4)
水力等		81.3　(27.3)	94.7　(31.9)	30.4　(8.0)	45.9　(12.6)
合計		298.2 (100.0)	296.3 (100.0)	381.2 (100.0)	363.2 (100.0)

（注）（　）内：発電源別構成比（%）、
　　　水力等には、自家発電や地熱その他再生可能エネルギーを含む
（出所）（1）IEA（International Energy Agency）「Electricity Information 2012」
　　　（2）電気事業連合会統計委員会『電気事業便覧（平成 24 年版）』日本電気協会、2012 年 10 月、245 ページ。
　　　（3）電気事業連合会統計委員会『電気事業便覧（平成 26 年度版）』日本電気協会、2014 年 10 月、247 ページ。

□日本の現状

　日本では、原子力発電が 2010 年度（震災前）は 26.7％であったが、稼働原発がゼロとなった時期（2015 年 2 月）を見ると、主に火力発電が86.0％で多く、水力発電が 13.0％の構成比となっていた。

　経済産業省は 2030 年に国内の電源構成（エネルギーミックス）を検討し、原子力発電への依存度を高め、原発比率を 15 〜 25％に増やすことを検討している。2030 年の電源構成は、原子力発電が 15 〜 25％としている。再生エネルギーなどは 20％超を軸に検討が進んでいる。いま、「48 基の原発を 40 年で廃炉にしていくと 2030 年までに 18 基に減少する。一方、建設中のＪパワー（電源開発）の大間原発と中国電力の島根原発3 号機を稼働させると見込まれ、委員の 1 人は『原発比率は 15％前後が目安』とみている。」「複数の原発で原則 40 年の運転期間を延長する必要がある。原発の建て替えや新増設に前向きな委員もおり、それらを認めれば『25％』も視野に入る」といわれるが、国民の原子力発電に対する反対が強い。

　「再生エネの電気を固定価格で電力会社が買い取る制度（FIT）が2012 年 7 月から導入され、太陽光発電が急増した。10 年度に 9.6％だった再生エネの割合は、13 年度に 10.7％になっている」[(2)]。

　再生エネルギーは、そのコストをすべて電気料金に算入するので、消費者に負担させることになるが、地球温暖化のもととなる温室効果ガスを削減するという効果がある。

2　世界の主要国の原子力発電
　　──アメリカ、EU、ロシア、中国、インド

□ 1）アメリカ

アメリカでは 1997 年にロードアイランド州で電力小売自由化を開始し、1998 年にはカリフォルニア州で完全自由化を開始したが、2000 年

夏になるとカリフォルニア州の電力危機が始まった。2001年9月には、カリフォルニア州で電力小売自由化は停止した。2001年1月にカリフォルニア州では計画停電が始まった。さらに2001年12月には総合エネルギーの企業であったエンロンの経営が破綻した。2005年8月には、エネルギー政策法（Energy Policy Act of 2005）を制定した。この法では原子力発電に対する支援策が入っている。

アメリカの原子力発電所は、2014年1月には104基を有しており、建設中（1基）および計画中（9基）を合計すると114基となり、世界最大の保有国である。原子力発電所の新設は、建設中が120万kw（1基）、計画中が1,066万kw（9基）であり、1基当たり110万kw以上の電力出力がある(3)。1979年のスリーマイル島の原子力発電事故以来、新設はなく、その老朽化が進んでいる。このために原子力発電設備の耐用年数を引き延ばしている。ドレスデン2の原子力発電所の営業運転開始は、1970年8月で43年近く運転している(4)。2006年2月のブッシュ大統領の原子力発電再開の演説によって約30年ぶりの新設計画があった。日本の日立製作所は、北米に原子力発電設備工場を建設する計画を持っている。日立製作所とゼネラル・エレクトリック（GE）は実質的な事業統合をめざし原子力発電所を建設する。また東芝もウェスティング・ハウス（WH）社を買収し、原子炉の海外受注を行うという状況にあった。

ところが高レベル放射性廃棄物の最終処分場の建設計画は、アメリカの原子力政策で最大の懸案事項である。1970年代後半の検討開始からすでに30年が経過している。アメリカは、2006年10月現在で約5,500トンの使用済み燃料を屋外で保管せざるを得ない。現状でも年間2,100トンずつ増加している。1982年に放射性廃棄物政策法が制定され、1998年に最終処分場での処分が開始される予定であったが、ネバダ州政府や地元住民の反対によって処分は実現していない。このため最終処分場の計画は廃止され、この対策が決まるまで州法により原発の建設ができなくなった。またアメリカ国内で再処理工場を建設したが、失敗し

ている。

□ 2)　EU──イギリス、フランス、ドイツ

イギリスでは、2013 年 1 月 1 日現在では運転中の原子力発電は 16 基である。原子力発電は、国内総発電量の 16.3％（2010 年）を発電しており、新規建設計画は今のところない[5]。イギリスではガス火力発電所がイギリスの電力の 41％を供給している。

またフランスでは、これまで原子力発電への依存度が高く、総発電量の 74.8％（2010 年）に達している。これは世界で最も原子力への依存度が高く、運転中の原子力発電は 58 基である[6]。フランスでは従来から国有企業であるフランス電力公社（EDF）が存在しており、2000 年に電力自由化法を制定したが、EDF の発・送・配電の一貫体制はそのまま維持されている[7]。

ドイツでは運転中の原子力発電所は、2013 年 1 月 1 日現在 9 基を有しているが、将来の建設計画はない。総発電電力量に占める原子力発電の割合は、22.6％（2010 年）で減少している[8]。

□ 3)　ロシア、中国、インド

ロシアでは、1990 年代末の電力危機の克服策として電力改革が行われている。電力関連施設は、「大半が老朽化しており、しかも設備投資資金の不足のために設備更新は遅れている」[9] といわれている。2013 年1 月現在、ロシアの原子力発電所は、29 基運転中である。

ロシアの原子力発電所は、今後 25 年で 40 ～ 60 基の原子力発電所建設を計画している。ロシアが原子力産業を戦略部門として位置づけている。このためロシアの原子力産業を統括したアトムプロム[10] が設立されている。ロシアは、日本や欧州でもウラン濃縮や原子力発電所建設[11] などの受注をめざしている。ロシアの電力会社の統一エネルギーシステムズはモルドバとアルメニアの電力会社を買収し、両国の電力供

給網を支配して影響力を拡大している。

　ロシア原子力庁のキリエンコ長官は、原子力重視の政策を打ち出す一方、国際原子力機関（IAEA）による東シベリアのアンガルスク濃縮施設（国際核燃料センター）の査察受け入れを 2007 年 4 月に表明した。このセンターは、「各国から使用済みウランを回収、中に残ったウランを再濃縮することで再び原発燃料を抽出するビジネスを請け負う」[12] 施設として位置づけている。ただロシアの原子力産業の海外市場戦略には疑問が投げかけられている。原子力発電の安全性には不安が残っていた。「旧ソ連時代のチェルノブイリ原発事故以降も小規模ながらトラブルは後を絶たず、核廃棄や補修のめどもたっていない。こうした原発は旧ソ連時代に東欧諸国でも建設されており、各国で懸念が出ている」[13]。CIS の原子力発電所合計は 2006 年 12 月時点で運転中が 43 基であり、東欧諸国合計は運転中が 20 基である[14]。

　中国の原子力発電所は、2013 年 1 月に 15 基が運転している。建設中が 32 基、計画中が 23 基で合計 70 基となっている。中国の原子力発電設備能力は、2013 年 1 月に 1,259.8 万 kw で、原子力発電は、わずかを占めるにすぎない。しかし中国はウェスティング・ハウス社に続いてフランスのアレバ社との技術契約の交渉を行っている。

　インドでは、年間 10％近い経済成長率で、電力不足になっている。このために政府は、「ウルトラ・メガ・パワー・プロジェクト」という発電所建設を始めている。インドの電力システム市場では、ゼネラル・エレクトリック（GE）社や独シーメンス社がすでに進出しているが、日本では東芝が現地の建設・重電エンジニアリング会社と合弁会社を設立する計画である。2013 年現在、運転中は、21 基、建設中は 7 基、計画中は 4 基である。

3　日本の原子力産業の原発輸出

　日本の原子力産業は、第2次大戦後に5グループに分かれていた。この5グループとは住友グループ（幹事会社、住友原子力工業）、東京原子力グループ（同、日立）、三井グループ（同、東芝）、三菱グループ（同、三菱重工）、第一原子力グループ（同、富士電機）である[15]。

　世界の主要国のエネルギー供給構造の推移を見ると、1973年と2004年を比べると、日本の原子力は0.8％から12.1％へと増大している。アメリカも1.3％から9.1％へ増加している。フランスは2.2％から42.5％へ世界で最も多く増大した。さらに2010年の発電源別構成比（**図表9-2**）で見ると、原子力発電は日本が26.7％、アメリカが19.2％、フランスが74.8％、ドイツ22.6％、イギリス16.3％となっている[16]。このようにエネルギー供給構造の変化を見ると、フランスが最も原子力発電の比重が高い。日本は、原子力発電の比重がフランスに次いで多いが、2012年には福島原子力発電事故に伴ない、1.1％に減少している。日本の原子力発電所は、1973年秋の石油危機以降に多く建設されているが、アメリカでは米スリーマイル島事故や原油価格の低迷で、その建設が激減した。日本では80年代から90年代にかけても新設が行われたために、原子力発電が増加したのである。日本の原子力産業は、アメリカやフランスの重電メーカーとの提携や共同開発を行ってきた。世界の提携関係を見ると東芝―米WH（東芝が2006年10月にWHを買収）、米GE―日立製作所連合、仏アレバ（AREVANP）―三菱重工連合の3大グループに寡占化されている。これらの3大グループ以外にイギリスのBNFL（ニュークリア・フュエル）グループやロシアのアトムエネルゴプロムそして韓国・中国の後発企業が存在している。

□（1）東芝─米 WH 社

　東芝は有価証券報告書[17] によれば 2006 年 10 月にウェスティング・ハウス（WH）社の買収をめぐって三菱重工業と競り合った結果、54 億米ドルで全株式を取得する手続きを完了した。そして売主である英国原子燃料会社（British Nuclear Fuels.plc）との間の売買契約に基づいて、株式取得時点のウェスティング・ハウス社の資産等を再評価し買収価額 54 億米ドルの調整作業が行われた。買収資金は 41 億 5,800 万米ドルについてコマーシャル・ペーパー及び銀行借入により調達し、一部銀行借入を社債発行（1,000 億円）による資金で返済した。東芝は、日本にある原子力発電所のうち 22 基を手がけている。これは日立製作所を上回る数字である。

　東芝は、アメリカ原子力発電大手のウェスティング・ハウス社の買収につづき、大規模な発電所建設計画が進むインドへ進出し事業を拡大する。インドの建設・重電エンジニアリング会社のラーセン・アンド・トウブロ（L&T）との合弁会社を設立する。つまり蒸気タービンと発電機の製造・販売会社を共同出資で設立する。

□（2）米ゼネラル・エレクトリック（GE）─日立製作所連合

　日立製作所は 2006 年 11 月に米ゼネラル・エレクトリック（GE）と原子力発電事業を実質的に事業統合することを決定した。米 GE と日立製作所は、2007 年夏までに日米に合弁会社を設立し、原子力発電の開発から販売までの全機能を移していく。日立製作所が北米に原子力発電の設備工場を設ける。日立製作所は BWR（沸騰水型軽水炉）の開発を加速化する。GE・日立連合は、テキサス州で共同受注が内定している。

　また日立製作所は 2010 年までに中国での事業を強化する。1970 年代から中国の火力発電所などを手がけてきたが、さらに社会・産業・生活などの基盤事業を強化すると言われている。

　日立製作所は、中部電力の浜岡原子力発電所 5 号機のタービン事故で、

中部電力から 1,000 億円を超す損害賠償が請求された。この事故は海外のプラント受注にもマイナスの影響がある。これは、日立製作所だけでなく、他のメーカーにも影響する可能性がある。中部電力と同型のタービンを使用している北陸電力の志賀原子力発電も羽根の損傷が明らかになり運転が停止された。原子力発電事故が発生すれば従業員や地域住民が被害を受けることになる。

□（3）三菱重工―仏アレバ連合

　三菱重工は、2007 年 3 月にアメリカで原子力発電所の受注が内定した[18]。三菱重工はフランスのアレバと中型原子力発電（出力 100 万 kW 級）のニーズに対応するために共同開発・販売することで 2006 年 10 月に合意し、海外原発事業の拡張を進めている。また、アメリカのウェスティング・ハウス（WH）とは、東芝が WH を買収したことにより WH との提携を解消している。

4　日本企業の海外発電事業

□各国の電力インフラの支配を狙う日本の大企業

　日本では、1999 年初め頃より電力自由化を背景に日本の電力企業の海外進出が本格化している。東京電力は、有価証券報告書（東京電力、2006 年 3 月期）によると、ベトナムで卸発電事業の国際入札で落札した。さらに東京電力は関西電力と共同でインドネシアの未電化地域でミニ水力発電の建設を行っている。2005 年 5 月にインドネシアにおける IPP（独立系発電事業者）に投資を行うために、「トウキョウ・エレクトリック・パワー・カンパニー・インターナショナル・パイトン 1 社」（100％子会社）を設立した。またオーストラリアでも発電所共同事業体への投資を行うため 2002 年 2 月にティーエムエナジー・オーストラリア社や 2003 年 6 月にはガス田開発事業を行うために「東京ティモール・シー・リ

ソーシズ（豪）社」（子会社）を設立した。

　2006年11月になると、東京電力、三菱商事など日本の電力・商社がフィリピンの発電所買収に名のりをあげている。買収額は、2,000億円〜3,000億円であり、アジアで発電事業を拡大する。だが電力各社の海外進出は、米国AESやインターナショナルパワーに比べると大幅に出遅れている。

　2006年10月18日に東芝はウエスティング・ハウス社（WH）買収手続きが完了し子会社化した。「買収総額54億ドル（約6,400億円）のうち77％を出資する。」「東芝は、原子力事業規模を現在の2,000億円から2020年には約9,000億円に拡大する。WH買収により東芝グループの原子力プラントは、世界最大の114基となる。これを機に原子力事業を拡大する」[18] といわれる。

　また日本の商社は海外での発電事業を強化している。丸紅は米国中堅電力会社の発電設備を買収して再参入している。商社は米国をはじめアジア、ヨルダン、バーレーン、サウジアラビアなどで海外発電事業を行っている。

　日本国内での原子力発電建設が困難になる中で、米国や中国そしてインドで原子力発電建設の再開・増設の動きが生まれている。原子力発電所の建設技術をもつ日本の原子力産業は、海外での建設受注に向けて活発に活動している。この活発化の背景にアメリカのブッシュ大統領が、2006年2月の一般教書演説で全米の半分を原子力発電に変える方針で、5年以内に新設再開をすると表明したことによる。またアジアで高度成長のつづく中国やインドは、インフラ整備のため、原子力発電所の建設が活発である。また、2005年から2006年にかけて原油価格が高騰し、火力発電に用いる燃料のC重油価格が上昇したことや、また「京都議定書」では1990年に地球温暖化の原因とされているCO_2の削減が各国に義務付けられたことである。このようにアメリカなどの原子力発電重視、原油価格の高騰や原子力発電時にCO_2の排出がないことを「原子力発

電の再評価」の口実にしている。こうした背景のもとで日本の電力産業や原子力産業は、海外で建設受注を目指して活発に原発のグローバル化を進めている。

5　日本の原子力産業と「日本原子力利益共同体」

□原発の輸出

　日本の原子力産業は、これまで国内の電力企業の原子力発電所建設の受注を中心に事業活動を行ってきたが、安倍政権の成長戦略、原発輸出を増大させる政策のもとで、首相自らも力を入れ、海外での原子力発電所建設の受注を目指すようになってきた。それは、アメリカの原子力発電所建設の再開や中国やインド・ベトナムそしてロシアなどで原子力発電所建設が活発化しているという背景のもとで、日本の原子力産業はこれらの地域に積極的に原発の売り込みを行っている。しかし、2016 年11 月になると、ベトナムは原発事業を行なわないことを国会で決議している。

　原子力産業の中でも原発プランメーカーである東芝や日立製作所そして三菱重工業は、原子力発電所の建設受注のために海外に進出している。これまでみてきたように、東芝のウェスティング・ハウス（WH）社の買収（のちに、2014 年には東芝の粉飾決算・赤字、WH 社買収による減損発生）日立製作所の北米での原子力発電設備工場の建設、日立と GE との原子力発電の実質統合、伊藤忠商事のアメリカでのウラン生産（2009 年より）などがある。これら原子力産業の中には電力産業も含まれているが、東京電力が丸紅などとフィリピンの 3 発電所の買収に乗り出すなど積極的に海外電力事業を展開している。

　また中国は、アメリカのウェスティング・ハウス（東芝の子会社となっている）から原子力発電技術を導入することでアメリカ政府と合意している。またフランスのアレバ社とも原子力発電所建設の技術導入で契約

の交渉を始めている。中国は、こうした原始力発電技術をアメリカ・日本やフランスから導入しながら原子力発電所の「自主設計技術の獲得を目指す戦略が明確になってきた」[19]といわれる。このために、日本は将来にわたって中国との原子力発電所建設契約がとれるか未定である。

□国内再稼働関係

原発輸出は、日本原子力利益共同体をもとにして、しかも国内の再稼働と結合しているところに特徴がある。「日本原子力産業協会」は、三菱重工、東芝、日立をはじめ東京電力など電力公社、三菱東京UFJ銀行などメガバンク、三菱商事など商社、それにトヨタ、パナソニックなど日本の主要な企業から構成され、これまで日本原子力利益共同体の中核を担ってきた[20]。

今日における原子力産業の課題を見よう。原子力発電所の原発事故隠しが問題とされており、安全性が重要な課題となっている。原子力発電所の稼動から30年を超える高齢原発の保全も共通の問題となっている。国内に12基ある高齢原発のうち最多の5基を抱える関西電力には重い経営課題になっている[21]。世界的にも高レベル放射性廃棄物の最終処分場が決まっていない。このなかで首相自らが原発輸出に力を入れているが、原発輸出をした新興国で原発事故が起きた場合には、原子炉メーカーはもちろん、プラント・部品メーカー、さらには輸出国政府まで賠償責任は及ぶのである。事故賠償責任は、日本の輸出企業のみならず、トップセールスをした国の責任にまで及ぶことは避けられないであろう[22]といわれている。

（注）

(1) 日本電気協会新聞部『原子力ポケットブック 2006 年版』電気新聞、2006 年 7 月、117 ページより。世界の原子炉は、発電用タービンを回すための蒸気を作る方法の違いによって PWR と BWR に分類される。PWR は原子炉容器内で水が沸騰しないように加圧する方法である。BWR は原子炉内で水を沸騰させて蒸気を作り出す方法であり、発電用タービンにも放射性物質を含んだ蒸気が送られる。

(2) 朝日新聞、2015 年 1 月 29 日。

(3) アメリカ南東部の FPL グループは北東部に強いコンステレーション・エナジーの買収（110 億ドル）を決めた。コンステレーション・エナジーは、原子力発電ではアメリカでは 3 位である（日本経済新聞、2005 年 12 月 26 日）。

(4) 電気新聞 2006 年 10 月 9 日。

(5) 電気事業連合会統計委員会『電気事業便覧』（平成 18 年版）、日本電気協会、2006 年 10 月、277 ページ。

(6) 電気事業連合会統計委員会、同上書、277 ページ。

(7) 館野淳「世界各国のエネルギー事情（4）＜フランス＞」『核・原子力・エネルギー問題ニュース』（No、258）2005 年 5 月 15 日、6 ～ 7 ページ。

(8) 電気事業連合会統計委員会、前掲書、277 ページ。

(9) 森岡裕「ロシアにおける電力改革──ロシア極東における競争的電力市場形成の問題を中心に──」『比較経営研究』第 10 号、9 ページ。

(10) アトムプロムの設立は 2007 年 1 月のロシア下院において「アトムプロム設立に関する法案」を賛成多数で可決した。上院の承認とプーチン大統領の署名を経て 2007 年 6 月にも新会社が誕生する見通しである。

(11) ロシアの原子力発電所の建設計画について、ロシア原子力庁のキリエンコ長官は、「国内で、今後 25 年で 40 ～ 60 基の原発建設を計画している。これほど多くの建設には日本を含む外国メーカーとの協力も必要となる」（日本経済新聞、2007 年 4 月 5 日）と述べている。

(12) 日本経済新聞、2007 年 4 月 5 日。

(13) 日本経済新聞、2007 年 2 月 5 日。

(14) 日本原子力産業協会『世界の原子力発電開発の動向 2006』2007 年 4 月、7 ページ。

(15) 中島篤之助・木原正雄、『原子力産業界』教育社、1979 年、巻末資料より。

(16) 電気事業連合会統計委員会、『電気事業便覧』（平成 24 年版）、日本電気協会、2012 年 10 月および同（平成 26 年版）。

(17) 有価証券報告書（東芝、半期報告書、2006 年 9 月期）39 ページ。この有価証券報告書によれば、東芝は、「ウェスティング・ハウス社グループの持株会社である BNFL USA　Group Inc. 及び Westinghouse Electric UK Limited（両社を併せて『ウェスティング・ハウス社』という）」の全株式を総額 54 億米ドルで取得する方法で買収した。そしてこの買収に伴う会計処理では、米国財務会計基準審議会基準書第 141 号「企業結合」に基づきパーチェス法で処理されるため、営業権が計上される。

（18）日本経済新聞、2007 年 3 月 14 日。

（19）日本経済新聞、2007 年 4 月 5 日。

（20）佐久間亮「危険な原発輸出にはしる安倍政権」『経済』2013 年 11 月号、70 ～ 74 ページ。

（21）日経産業新聞、2007 年 3 月 16 日。

（22）丸山恵也「日本の多国籍企業と原発輸出」大西勝明編著『日本産業のグローバル化とアジア』文理閣、2015 年 1 月、104 ～ 105 ページ。

第10章

電力産業の原子力発電の転換と
再生可能エネルギーの重視

1 原子力発電の廃炉費用

□廃炉会計に国民的注目を

原子力発電の廃止に係わる会計つまり廃炉会計については、1985 年以降から 2011 年の福島原発事故後に至る一連の会計制度の中で見てきた。原発の廃炉に関する会計処理は、廃炉引当金や原子力発電施設解体引当金の設定から 2010 年の資産除去債務の会計処理へ変更してきた。廃炉費用は総括原価の中に計上され、電気料金への算入によって電気の消費者から回収された。最終的に電気の消費者が負担することになっている。このことによって電力会社の負担軽減・財務悪化を回避することができた。また原発停止で、液化天然ガス（LNG）が火力発電に使用され、このため発電コストが上昇し、料金値上げが行われた。

本書では、東京電力の総括原価に基づく電気料金値上げの申請額と実際額との乖離を分析することによって、廃炉費用や燃料費の高騰を消費者に負担させることを明らかにした。

廃炉費用とは、原子力発電を使用した後にそれを停止し、その設備を

解体・撤去する費用である。この解体・撤去する時の費用を予め予測して廃炉引当金や原子力発電施設解体引当金を計上してきたが、2010 年から資産除去債務（負債）勘定に計上している。

　他方、原子力発電事故による廃炉の場合には、特別損失として計上すべきと考える。減価償却費は、原子力発電を含む有形固定資産の価値減少を費用として認識し、総括原価に算入し、電気の消費者に負担させてきた。廃炉を前提とした資産は、将来、経済的便益をもたらさない点で、資産とは言えないと考える。

□廃炉費用は誰が責任を持つのか

　次に廃炉費用は誰が負担すべきかについてみると、廃炉費用の負担は、最終的に電気料金を通じて電気の消費者に負担させている。電力会社が責任を持って廃炉費用を負担すべきである。原子力発電事故による廃炉費用が、減価償却費における未償却部分の負担が重く、一度に特別損失として処理すると経営破綻するといっていたが、実際には経営破綻には到らなかった。

　日本の電力会社は、国家への寄生がドイツに比べて強いと考えられる。

　また、電力自由化・発送電分離と廃炉費用負担の関係についてみると、経済産業省の発送電（発電、送配電、小売の 3 事業）の分離後に、廃炉費用は新規参入者を含む小売会社によって電気消費者（国民や企業）から徴収する公算が大きい。現在、電力会社は電気料金から廃炉を含む原子力発電の費用を回収している。規制部門では総括原価方式により消費者の負担する電気料金の中に含め原子力発電に関する費用を回収している。電力自由化の中で総括原価方式は、当分はこの方式が用いられる。この方式は 2018 〜 20 年に廃止されるといわれ、総括原価方式を廃止した後に廃炉費用負担の仕組みをどうするか。新たな案は小売会社などが送配電会社に支払う送電線利用料に廃炉費用を上乗せして負担することである。電気小売各社は家庭や企業から支払われる電気料金の中に廃炉費用

を含めて徴収するという関係になると考えられる。

　外国では廃炉費用は誰が負担しているかについてみると、ドイツでは、17基あるすべての原子力発電所を2022年までに段階的に停止することを選択した。フィリップスブルク原子力発電所の場合、「廃炉作業の費用は、1基当たり5億ユーロ（550億円）から10億ユーロ（1,100億円）必要とする（原発の規模や稼働期間による）。この金額は、放射性廃棄物処理時に発生する経費を含んでいない。廃炉費用は、原則として原発運営会社が100％負担する。運営会社は、この費用を原発稼働中の引当金に計上している」[1] このようにドイツでは、廃炉費用は原発運営会社が100％負担する。この費用は、原発稼働中の引当金に計上している。また「脱原発を決めたドイツでは、政府が決めた瞬間に大手電力会社が軒並み廃炉費用などを特別損失として計上、赤字に転落した。これに伴い、電力会社が大規模なリストラを迫られ、事業や資産の売却なども行った。一方で電力会社はこの費用が国の政策転換によるものだとして、国に対して損害賠償を求めている」[2] といわれる。

2　原子力発電版の固定価格買取制度

　原子力発電版の固定価格買取制度（FIT = Feed in Tariff）は、再生可能エネルギーを対象としたFITに似ているといわれるが、その内容は大きく異なっている。

　2014年8月21日の第5回原子力小委員会（資源エネルギー庁）は「競争環境下における原子力事業の在り方」で、2016年4月からの小売全面自由化や2018年から20年を目途にした料金規制の在り方を検討する中で、原子力事業の在り方を検討している。

　廃炉を円滑に進めるために「国は、電力システム改革によって競争が進展した環境下においても、原子力事業者がこうした課題に対応できるよう、海外の事例も参考にしつつ」[3] 検討をするとしている。原子力損

害賠償支援機構では、原子力発電事業の事故対応の場合、廃炉、汚染水対応として「国は機構に対して9兆円の交付国債を用意する」[4] としている。また原子力事業者による負担は無限責任としている[5]。

さらに事業者に財務・会計面に発生する過度なリスクに対応して、「英国におけるCFD（差額決済契約）」の例を掲げている。「マーケット価格を元に算定される市場価格と、廃炉費用や使用済核燃料の処分費用も含めた原子力のコスト回収のための基準価格の差額について、全需要家から回収し、原発業者に対して補填することにより、一般的に事業者の損益の平準化を目指す制度（逆に、市場価格が基準価格を上回った場合は、原発事業者が支払いを行なう）[6]。つまり廃炉等の原子力のコスト回収に必要な電気料金水準としての基準価格（Strike Price）を決め、基準価格がマーケット価格を基にした市場価格（Reference Price）を上回った場合に、その差額を全需要家から回収し、原発事業者に対して補填する。逆に基準価格が市場価格を下回った場合には、原発事業者が差額を全需要家に支払う。そうすることで、原発事業者の損益を平準化させ、財務・会計面でのリスク軽減を図るもの」[7] である。

3 電力システム改革における発送電分離制度と託送料金

発電会社同士の自由競争と送電会社の送電サービスを第三者へ開放する。このため送電ネットワークのメンテナンスや設備更新などが必要になる。これについては、送電の安定性を維持するためにも収益を保証する必要があり、託送料については、たとえば総括原価に含める方式が必要となるという。

なお、日本では総括原価方式と10電力体制から「電力自由化」を推進した上で発送電分離が予定されているが、これは大電力会社の独占を存続させるにすぎず、その後に発送電分離しても、独占体の支配は続くと思われる。順番として、発送電分離を先行させないと、電力市場にお

ける新規参入はできない。また、このため託送料金をいくらにするかによって新規参入事業者のコストや損益にも影響することになる。これまで託送料金に含まれる費用には、送配電部門に係る費用や原子力バックエンド費用（既発電分）などがある。託送料金を通じてこれらの費用を回収している。「経過措置として、積立制度創設前（2005年10月の創設前―筆者）についてはこれにより利益を受けた全ての需要家から公平に回収するため、送配電関連費用として計上し、15年間かけて一般電気事業者の需要家のみならず、託送制度を通じて新電力の需要家からも回収することとされた」[8]。

　この託送料金は、2015年現在、規制部門において総括原価の中に含めて電気消費者から回収している。発送電分離から自由競争（第三者への送電サービス）においても総括原価方式採用の場合、託送料金（収入）を含める。この託送料金制度を利用して廃炉費用を含め回収する。

　2016年4月には、電力会社の託送料金は、小売全面自由化後も国の認可を受ける必要がある。小売電気事業者は、発電事業者から電気を購入し、託送電気事業者に託送料金を払って、需要家に電気を供給する（第7章5参照）。託送料金は、家庭、商店向けの「低圧」と企業、自治体向けの「特別高圧」に分かれる。東京電力の場合、「低圧」が8.57円（kWh）、「特別高圧」が1.98円（kWh）の託送料金（2016年4月時点）となっている。

　また、総括原価・10電力体制→自由化→発送電分離の順番については発送電分離を先行させ、新規参入者を電力市場に入れ、自由化を進める。とりわけ発送電分離では原子力発電部門を切り離して、ここに原発事故によって生じた廃炉費用や損害賠償費用などの巨額の債務を塩づけにしないような体制をつくることが重要である。前述のようにドイツでは廃炉費用は、原発運営会社が100%負担する。日本では、原発事故に対する損害賠償は、電力会社に限度を設け、国も責任を負うことが検討されている。

4 電力自由化と原発の廃炉──原発がなくても電力供給ができている

　日本の「エネルギー基本計画」（2014年4月に閣議決定）における原発比率22％は、廃炉のみならず、新規増設、つまりリプレースを前提としている。これは会計的枠組みとしてどのように処理されるのか、どのように考えれば良いのか。

　原発比率22％（2030年時点）は、再稼働、新規増設、リプレースを前提にしている。現在、原発再稼働は川内原発等があるが、これまで原発がなくても電力の供給は行われている。原発事業会社は、原子力発電設備の廃炉に対して原子力発電施設解体引当金（対象は汚染の除去、解体、廃棄物の処理など）が2012年末に1兆2,310億円[9]である。なお、原子力発電施設解体費（解体引当金）は、営業費として料金原価に算入される。この解体費が電気料金により回収される仕組みとなっている。浜岡原発1、2号機の廃炉の場合、残存簿価を一括費用計上した例があるが、「運転終了後も、資産計上のうえ、減価償却を継続する適切な設備もある」[10]としている。つまり、原発の運転終了後も、「廃止措置期間中の安全機能を維持することも念頭に追加や更新のための設備投資」[11]の場合に、減価償却費を計上し、これを料金原価に算入し電気料金に加えることによって投下資本を回収できるように会計制度において整備している。このように廃炉の会計処理をすることによって、「電力会社の財務基盤が毀損される」[12]ことなく廃炉を推進できるように会計制度上合法化している。

　さらに今日、原発の再稼働を申請して稼働を始めた原発が3基ある。しかし、大島堅一氏は、原発再稼働申請した原発がすべて稼働したとしても「40年で廃炉するのであれば629億kWh（大間、島根3号を含めて852kWh）にすぎず、2030年時点で原発比率は6％（同8％）しかみこめ

ない。仮に再稼働申請したこれらの原発全てを 20 年間運転延長しても、1,399 億 kWh（同 1,559 億 kWh）であり、原発比率は 13％にとどまってしまう」と述べている。22％原発比率を達成するのは現実的には非常に難しいといわれる。

5　諸外国の電力規制緩和と電気料金の値上げ

2000 年 3 月から部分自由化が実施されてきた。工場やデパートなどの自由化部門では、すでに電気料金が自由に設定できるようになっていた。しかし家庭の電気料金の自由化については、規制料金となっていた。

2016 年 4 月から日本では、電力小売り全面自由化により家庭の電気料金を含むすべての利用者は契約先を自由に選択できる。電力会社と新規参入者は新たな電気料金のメニューを提案し顧客獲得競争を展開している。

英国の電気事業を見ると 2015 年現在、英セントリカ、仏電力公社（EDF）、独イーオン、独 RWE、英スコテッシュ・パワー、英 SSE の 6 社（ビック 6）が高い発電市場でシェアーを持っている。新規参入者もいたがシェアーは低い。自由化に伴いエネルギーや通信、金融商品で複雑な電気料金の価格が設定され、消費者を混乱させた。「実際に値下げされたかを検証すると、1998 年から 2004 年までは料金は低下したが、その後は上昇している。つまり値下げは最初の 6 年だけで、その後の 12 年は上がり続け、平均的な料金は 2 倍以上になった。これはカルテルではなく、上流部門の燃料費がそのまま転嫁されているためだ。とりわけ北海油田の天然ガスが減産され、英国が 2004 年に純輸入国に転じた後、値上げが続いている」[14]。

図表 10-1　福島第一原発事故の炉心溶融（メルト・ダウン）を巡る攻防

2011年3月11日	東日本大震災が発生 1～3号機の全交流電源が喪失 炉心溶融の解析に約2か月かかる
2011年5月15日	東電、1号機の炉心溶融を認める
2011年5月19日	新潟県・技術委員会で事故の原因究明を始める
2011年5月24日	東電、2、3号機の炉心溶融を認める
2013年9月27日	東電、柏崎刈羽原発6、7号機の新規性基準に基づく審査を申請
2015年8月31日	技術委員会が論点を整理、東電に文書回答を求める
2015年11月25日	東電が回答、「社内で『炉心溶融』という言葉を使わないよう指示したことはない」という。
2016年2月24日	東電、炉心溶融の判断基準が社内マニュアルに「炉心損傷が5%を起えた場合」と明記されていたと公表
2016年6月21日	東電広瀬社長は「（清水）社長が炉心溶融という（言葉）を使わないよう社内に指示していた」ことについて隠蔽と認め、謝罪した。

（出所）「朝日新聞」2016年3月24日、2016年6月22日より作成。

6　電源ベストミックスで、原子力発電から 再生可能エネルギーへ

　電源ベストミックスは、1980年代の原発推進のためにベース電源として原子力発電を位置づけ、安全性や経済性の面で優れているといわれた。しかし、原子力発電の安全性や経済性において多くの問題点が指摘されてきた。ドイツでは東電の原発事故後に2022年にすべて（17基）の原発を廃止することを決めている。これに対して日本の電力会社は、再稼働を推進しようとしている。原発比率22％に代えて再生可能エネルギーの比率を多くしていくことの方が安全性や経済性の点で現実的な対応と考えられる。

7　原発事故などのディスクロージャー（公開）の拡大を図る

　東京電力は、原発事故による「炉心溶融（メルトダウン）」の判定基準が事故当時の社内マニュアルに明記されていたのに、その存在に5年間気づかなかったと謝罪した。この判明した背景には事故の原因究明に対する新潟県の取り組みがあった（**図表10-1**）[15]。

　新潟県（泉田裕彦前知事）は、政府や国会の事故調査委員会が調査を終えた後も、「技術委員会」（有識者会議、座長中島健、京都大）で独自に検証を続けてきた結果である。泉田氏は2016年1月5日に東電社長広瀬氏との会談で「メルトダウンを隠されると避難ができない。避難計画以前の話だ」といい、（原発の再稼働の是非を問われると）「事故の検証と総括が必要だ」と述べている。メルトダウンの公表の遅れや情報隠しは、住民避難に直結する。当時の東電の「原子力災害対策マニュアル」には、「炉心損傷の割合が5％を超えていれば炉心溶融と判断する」と明記されており、この基準に従えば1、3号機は事故から3日後の3月14日、2号機は、15日夕には判断し、公表できていた[16]。このことは東電の隠蔽体質を改め、原発事故の全貌をすぐに公開することが住民避難にとって重要であることを示している。

（注）

(1) http://webronza.asahi.com/global/articles/2911110100002.html （2015 年 5 月 8 日 アクセス）。

(2) http://d.hatena.ne.jp/isoyant/20130605/1370417311 （2015 年 5 月 8 日アクセス）。

(3) 2014 年 8 月 21 日の第 5 回原子力小委員会（資源エネルギー庁）は「競争環境下における原子力事業の在り方」3 ページ。

(4) 2014 年 8 月 21 日の第 5 回原子力小委員会（資源エネルギー庁）「競争環境下における原子力事業の在り方」3 ページ。

(5) 同上書、5 ページ。

(6) 同上書、22 ページ。

(7) http://toyokeizai.net/articles/—/49348?page=2 （2015 年 10 月 5 日アクセス）。なお原子力発電版の固定価格買取制度に関しては、蓮見雄（立正大学）氏の御教示による。

(8) 資源エネルギー庁『競争環境下における原子力事業の在り方』2014 年 8 月、28 ページ。

(9) 資源エネルギー庁、第 I 回廃炉に係る会計制度検証ワーキンググループ『（資料 5）原子力発電所の廃止措置を巡る会計制度の課題と論点』2013 年 6 月、17 ページ。

(10)（11）（12）同上書、10 ページ。

(13) 大島堅一「電力システム改革と原子力延命策」『経済』2016 年 8 月号（No. 251）、20 ページ。

(14) 日本経済新聞、2016 年 2 月 29 日。

(15) 朝日新聞、2016 年 3 月 24 日。

(16) 同上紙。

あとがき

　かつて『東京電力-原発に揺れる電力』（1991年9月）という著書を、角瀬保雄法政大学名誉教授のもとで執筆した。ここでは、東京電力の経営と労働そして原子力発電の問題を企業分析視点から詳細に分析している。この分析ではいくつかの点で東京電力福島原発事故への警告を含んでいた。

　原発を推進・開発していった、電力会社と政府・省、銀行、株主、原子力産業等からなる「原子力利益共同体」の存在が指摘されている。原子力発電の建設は、地元民の反対で中止となった場合もあるが、多くは反対を押し切って推進してきた。

　その後2000年9月に『日本のビッグ・インダストリー　電力—自由化と原発で転機を迎える電力産業』（青山秀雄教授との共著）を執筆した。ここでは、原発の相次ぐ事故により「安全神話」の崩壊と「脱原発」について論じ、日本のエネルギー産業の方向として原子力発電に代わるクリーンな新エネルギーの確立—地球環境問題と関連して—を示している。他方、2000年3月からの電力規制緩和（自由化）のもとで、大口電力利用者への販売が始まったが、電気料金は必ずしも安くならず、電力の地域独占や非自由化部門の総括原価計算は従来のまま存続し、ヤードスティック導入による労働の強化が図られた。

　本書は、著者にとって第3番目の東京電力の企業分析にあたる。ここでは、2011年3月11日の東電福島第一原発事故を企業分析の視点から本質を明らかにすることに努めた。福島原発事故が「想定外の事故である」との主張もあるが果たしてそうであろうか。原子力発電の安全性や経済性の面から問題点が指摘されていたし、これまで巨大地震も発生していたことなどから見ると「想定外の事故」とは言えない。福島原発事

故による廃炉処理、及び 40 年を経過した古い原子力発電が廃炉時代を迎えている今日、これをどのように無事に廃炉にしていくのか、またこの会計処理をどうするのかが重要となった。電力会社や経済産業省資源エネルギー庁は廃炉コストを電気料金に付加することによって料金値上げを行なう方法を採用している。2016 年 12 月になると経産省は、福島第一原発費用（廃炉や賠償、除染）は 11 兆円と想定してきたが、新たな見積りは、20 兆円を超えるという。これらの費用は、電気料金の中に算入され国民が負担することになる。

　本書では、東京電力の福島原発事故を背景とした会計制度や電力経営について考察してきた。つまり原子力発電事故による廃炉会計や電気料金制度に関して資源エネルギー庁の委員会資料に基づいて論じた。しかし原子力発電の安全性や重要な技術的問題、放射線問題や政権・財界との対抗関係に関して本書では十分に論じていない。

　2011 年 3 月からすでにまる 5 年以上を経過したが、これまで福島原発をめぐる政治、経済、社会的側面からの問題やエネルギー問題に関する専門書や一般書は、数多く発行されている。本書はエネルギー生産の担い手である東京電力の原発事故を中心にして経営分析や会計制度についてメスを入れたものである。

　まだ調べるところが多く、不十分な点や誤って理解している点もあるかと懸念するが、ひとまずこの段階で筆をおくことにしたい。

2016 年 12 月

谷江武士

収録論文初出一覧

第1章　書き下ろし
第2章　「東京電力の原子力発電事故の経営分析」『名城論叢』第12巻第4号、名城大学経済・経営学会　2012年3月─に加筆・修正。
第3章　「電力産業の財務構造の変化」『名城論叢』第11巻第4号、名城大学経済・経営学会　2011年3月─に加筆・修正。
第4章　「損害賠償・除染・廃炉と東電の財政状態」NERIC News No.350　2013年12月号─に加筆・修正。
　　　　「原発過酷事故を倫理的・道義的に考える─経営分析の面から─」『日本の科学者』VOL.49、日本科学者会議・本の泉社、2014年3月─に加筆・修正。
第5章　「電力会社の廃炉会計と電気料金」『名城論叢』第15巻・特別号、名城大学経済・経営学会　2015年3月─に加筆・修正。
第6章　「電力会社における総括原価方式─原子力発電と関連して─」『名城論叢』第13巻第4号、名城大学経済・経営学会、2013年3月─に加筆・修正。
第7章　「電力自由化のもとでの東京電力の経営分析」『名城論叢』第4巻第4号、名城大学経済・経営学会、2004年3月
第8章　「電力企業の現状と課題」『名城論叢』第8巻第4号、名城大学経済・経営学会、2008年3月
第9章　日本の原子力産業のグローバル化」『経済』No.141、新日本出版社、2007年6月号─に加筆・修正。
第10章　書き下ろし

参考文献

【書　籍】
・大橋英五『独占企業と減価償却』大月書店、1985 年
・東京電力企画部他『エネルギー業界』教育社、1987 年
・電気料金問題研究会編『市民の新電気料金』電力新報社、1987 年
・中島篤之助・角田道生『原発事故が起こったら』学習の友社、1989 年
・角瀬保雄・谷江武士『東京電力』大月書店、1990 年
・R.Rudlph & S.Ridley, POWER STRUGGLE, HARPER & ROW, 1986.
・R・ルドルフ、S・リドレー（岩城淳子、斉藤叫、梅本哲世、蔵本喜久訳）『アメリカ原子力産業の展開』御茶の水書房、1991 年 7 月
・電気料金研究会編『新版・市民の電気料金—制度改革とその仕組み』電力新報社、1999 年
・梅本哲世『戦前日本資本主義と電力』八朔社、2000 年
・谷江武士・青山秀雄『日本のビッグ・インダストリー　電力』大月書店、2000 年
・オーバーテュア・H・E・オット (地球環境戦略研究機関訳)『京都議定書』シュプリンガー・ファラーク東京、2001 年 7 月
・小林健一『アメリカの電力自由化』日本経済評論社、2002 年
・P.C.FUSARO and R.M.M:LLER, what went wrong at ENRON, willy USA.2002
・橘川武郎『原子力発電をどうするか』名古屋大学出版会、2011 年
・金子勝『「脱原発」成長論』筑摩書房、2011 年
・大島堅一『原発コスト—エネルギー転換への視点』岩波書房、2011 年
・舘野淳『廃炉時代が始まった—この原発はいらない』リーダーズノート社、2011 年 9 月
・『市民の科学』編集委員会「原発はいらない—共生社会の市民科学—」『市民の科学（2012 年第 4 号）』晃洋書房、2012 年 1 月
・大島堅一、除本理史『原発事故の被害と補償』大月書店、2012 年 2 月
・日本弁護士連合会編『検証　原発労働』岩波書店、2012 年 1 月
・学習の友編集部『「最先端技術の粋をつくした原発」を支える労働』学習の友社、2012 年
・畑村洋太郎・安倍誠治・淵上正朗『福島原発事故はなぜ起こったか—政府事故調核心解説』講談社、2013 年
・Toru Sakurai, Ian Macdonald, Tatsuo Yoshida and Koichiro Agata, Financing Public Services, 早稲田大学出版部、2013 年 7 月
・Ethik-kommission Sichere Energie-Versorgung, Deutshlands Energiewende-Ein Gemeinschaftwerk fü die Zunft, Berlin, den 30, maj 2011.（安全なエネルギー供給に関する倫理委員会編著、吉田文和、ミランダ・シュラーズ編訳）『ドイツ脱原発倫理委員会報告』大月書店、2013 年 7 月
・足立辰雄『原発・環境問題と企業責任』新日本出版社、2014 年 3 月
・Joachim Radkau, Lothar Hahn, aufstieg und Fall der deutchen atomwirtschaft, Oekom、2012.（ヨアヒム・ラートカウ、ロータル・ハーン著、山縣光明、長谷川純、小澤彩羽訳）『原子力と人間の歴史—ドイツ原子力産業の興亡と自然エネルギー』築地書館、

2015 年 10 月
・吉田文和『ドイツの挑戦』日本評論社、2015 年 12 月
・金森絵里『原子力発電と会計制度』中央経済社、2016 年 3 月

【論　文】
・菅原秀人「電力会社の会計」『会計』1973 年 7 月号、1974 年 9 月号
・森川博「原子力発電の会計―その基本的性格」和歌山大学『新しい時代の企業像』1980
　年
・佐藤博明「公共料金値上げと会計の機能」『経済』1981 年 12 月号
・田井修司「原子力発電と電気料金」日本科学者会議『第 9 回原子力発電問題全国シンポ
　ジウム（高知）報告集』1983 年
・谷江武士「東京電力の企業分析」日本科学者会議『第 11 回原子力発電問題全国シンポ
　ジウム（新潟）報告集』1985 年
・森岡裕「ロシアにおける電力改革―ロシア極東における競争的電力市場形成の問題を中
　心に―」『比較経営研究』第 10 号、文理閣、1986 年
・熊野実夫「公共事業の料金規制」『企業会計』1989 年 10 月号
・大野博教「原子力発電の開発をやめた欧州 11 か国」電力中央研究所『電力中央研究所
　研究調査資料』1995 年 3 月
・野中郁江「環境コストの処理をめぐる動向について」『経理知識』第 75 号、明治大学経
　理研究所、1996 年（『現代会計制度の構図』大月書店、2005 年 1 月、所収）
・服部徹・渡辺尚史「料金規制におけるヤードスティック方式―理論と我が国における適
　用事例の分析」『電力中央研究所報告』1997 年 7 月号
・谷江武士「電力自由化のもとでの東京電力の経営分析」『名城論叢』第 4 巻第 4 号、名
　城大学経済・経営学会、2004 年 3 月
・館野淳「世界各国のエネルギー事情（4）＜フランス＞」『核・原子力・エネルギー問題
　ニュース』（No.258）2005 年 5 月 15 日
・舘野淳「原発老朽化問題―安全無視の『運転可能』報告」『核・原子力エネルギー問題
　ニュース』No.261、2005 年 9 月 15 日
・谷江武士「電力企業の現状と課題」『名城論叢』第 8 巻第 4 号、2008 年 3 月
・谷江武士「電力産業の財務構造の変化」『名城論叢』第 11 巻第 4 号、2011 年 3 月
・谷江武士「東京電力の原子力発電事故の経営分析」『名城論叢』第 12 巻第 4 号、
　2012 年 3 月
・三浦后美「東京電力（株）にみる経営財務問題」日本経営学会第 86 回大会自由論題報
　告配布資料、2012 年 9 月 7 日
・谷江武士「電力会社における総括原価方式―原子力発電と関連して―」『名城論叢』第
　13 巻第 4 号、2013 年 3 月
・佐久間亮「危険な原発輸出にはしる安倍政権」『経済』2013 年 11 月号
・谷江武士「損害賠償・除染・廃炉と東電の財政状態」NERIC News　No.350、2013 年
　12 月号
・村井秀樹、高野学、田村八十一、山崎真理子「原発の会計―総括原価方式の問題点と今
　後のエネルギー政策の方向性―」会計理論学会第 28 回全国大会（スタディグループ中
　間報告）於　東京経済大学、2013 年 10 月 12 日
・植田敦紀「原子力発電施設の廃炉に関する会計―資産除去債務の会計を基礎として―」

『会計』第 185 巻第 1 号、2014 年 1 月
- 桜井徹「企業不祥事と株主有限責任制─東京電力福島第一原発事故に関わって─」『社会科学論集』第 142 号、埼玉大学経済学会、2014 年 6 月
- 平野智久「原子力発電施設の廃止措置に関する会計問題」『商学論集』第 83 巻第 3 号、福島大学経済学会、2014 年 12 月
- 丸山恵也「日本の多国籍企業と原発輸出」大西勝明編著『日本産業のグローバル化とアジア』文理閣、2015 年 1 月
- 村井秀樹「自然資本概念と自然資本会計の構造と課題」『商学集志』第 84 巻第 3、4 号合併号上巻、日本大学商学部、2015 年 3 月
- 谷江武士「電力会社の廃炉会計と電気料金」『名城論叢』第 15 巻特別号、2015 年 3 月
- http://webronza.asahi.com/global/articles/2911110100002.html（2015 年 5 月 8 日アクセス）
- http://d.hatena.ne.jp/isoyant/20130605/1370417311（2015 年 5 月 8 日アクセス）
- 佐藤博明「ドイツにおける廃炉措置会計の制度と実務」『会計』第 188 巻第 2 号、2015 年 8 月
- 山﨑真理子「資産除去債務」『内部留保の研究』唯学書房、2015 年 9 月
- 高野学「電力産業の料金設定と総括原価方式」丸山恵也、熊谷重勝、陣内良昭、内野一樹、關智、編著『経済成長の幻想─新しい経済社会に向けて─』創成社、2015 年 11 月
- 満田夏花「甲状腺がん『多発』の中強引に進められる帰還促進政策」『日本の科学者』（VOL.51）本の泉社、2016 年 3 月

【政府・省庁委員会の関係資料】
〈日本〉
- 『有価証券報告書総覧』大蔵省印刷局、電力各社、各年度版
- 日経 Financial　Quest、各年度版
- 「電気事業会計規則等の一部を改正する省令」
- 通産省公益事業局『電気事業の現状と電力再編成 10 年の経緯：電力白書』1961 年版
- 電気事業連合会統計委員会編『電気事業便覧』1985 〜 2015 年版、日本電気協会
- 資源エネルギー庁編『電気事業法の解説』1995 年度版、通商産業調査会、1995 年
- 経済企画庁物価局『公共料金改革への提言』1996 年 4 月
- 資源エネルギー庁編『電力構造改革』通商産業調査会、2000 年 3 月
- 資源エネルギー庁監修『平成 12 年度版電気事業会計関係法令集』通商産業調査会、2000 年
- 資源エネルギー庁編『電気事業法令集』2000 年版、東洋法規出版、2000 年
- OECD 編（山本哲三、山田弘　監訳）『世界の規制改革（上）』日本経済評論社、2000 年 6 月
- 経済産業省、総合資源エネルギー調査会電気事業分科会コスト等検討小委員会「バックエンド事業全般にわたるコスト構造、原子力発電全体の収益性等の分析・評価─コスト等検討小委員会から電気事業分科会への報告─」2004 年 1 月 23 日
- 日本電気協会新聞部『原子力ポケットブック』2006 年版、電気新聞、2006 年 7 月
- 電気事業連合会統計委員会『電気事業便覧』平成 18 年版、日本電気協会、2006 年 10 月
- 日本電気協会新聞部『原子力ポケットブック 2014 年版』電気新聞、2014 年

・経済産業省『エネルギー白書』各年版、2011 〜 2014 年
・東京電力経営・財務調査タスクフォース事務局「東京電力に関する経営・財務調査委員会の報告の概要」2011 年 10 月
・原子力委員会「東京電力（株）福島原子力発電所における中長期措置に関する検討結果」2011 年 12 月
・東京電力福島原子力発電所における事故調査・検証委員会『中間報告（本文編）』2011 年 12 月
・経済産業省、総合資源エネルギー調査会総合部会電気料金審査専門委員会「資料 10、設備投資関連費用」東京電力提出、2012 年 6 月 12 日
・同上総合資源エネルギー調査会総合部会電気料金審査専門委員会「東京電力株式会社の供給約款変更認可申請に係る査定方針案」2012 年 7 月 5 日
・経済産業省「電力システム改革専門委員会報告書（案）」（委員長　伊藤元重）、2013 年 2 月
・（社）日本原子力産業協会『世界の原子力発電開発の動向各年版』2010 年 4 月、2013 年 5 月、2015 年 4 月
・経済産業省、総合資源エネルギー調査会　電力・ガス事業部会　電気料金審査専門小委員会、廃炉に係る会計制度検証ワーキンググループ（第 1 回）「資料 5 原子力発電所の廃止措置を巡る会計制度の課題と論点」2013 年 6 月
・原子力損害賠償支援機構・東京電力「総合特別事業計画（抄）」2013 年 6 月 6 日
・経済産業省、廃炉に係る会計制度検証ワーキンググループ「第 1 回会合議事録、資料 3」2013 年 7 月 23 日。
・経済産業省、廃炉に係る会計制度検証ワーキンググループ「原子力発電所の廃炉に係る料金・会計制度の検証結果と対応策」2013 年 9 月
・経済産業省・資源エネルギー庁「電力小売市場の自由化について」2013 年 10 月
・原子力損害賠償支援機構・東京電力「新・総合特別事業計画」2013 年 12 月 27 日
・原子力総合年表編集委員会『原子力総合年表』すいれん舎、2014 年 7 月 22 日
・電気事業連合会『電気事業便覧』平成 26 年版、2014 年 10 月 31 日
・資源エネルギー庁「廃炉を円滑に進めるための会計関連制度の課題」2014 年 11 月
・経済産業省、廃炉に係る会計制度検証ワーキンググループ「原発依存度低減に向けて廃炉を円滑に進めるための会計関連制度について」2015 年 3 月
・経済産業省・資源エネルギー庁「電力の小売全面自由化の概要」2015 年 11 月
・経済産業省・資源エネルギー庁「電力システム改革について」2015 年 11 月
・経済産業省、総合資源エネルギー調査会　第 5 回原子力小委員会（資源エネルギー庁）「競争環境下における原子力事業の在り方」2014 年 8 月 21 日
〈アメリカ〉
・ECONOMIC ANALYSIS OF THE TAX TREATMENT OF NUCLEAR POWER PLANT DECOMMISSIONING COSTS, by Donald w.kiefer, CONGRESSIONAL RESEARCH SERVICE,February24,1984
・Nuclear Basics Key facts about nuclear energy, World Nuclear Association, WNU Summer Institute 2014.
・Decommissioning Nuclear Facilities, World Nuclear Association, March 2014

[著者略歴]

谷江　武士（たにえ・たけし）

1945 年　香川県生まれ
1968 年　法政大学卒業
1970 年　法政大学大学院（修士課程）修了
75 年　駒澤大学大学院商学研究科（博士課程）修了
現在　名城大学経営学部教授、博士（商学、駒澤大学）

【主な著作】

『自主管理企業と会計─コーゴスラヴィアの会計制度』（大月書店、1988 年）

『基本経営分析』（中央経済社、1993 年）

『ユーゴ会計制度の研究─所得分配会計変遷史』（大月書店、2000 年）

『キャッシュ・フロー会計論』（創成社、2009 年）

『事例でわかる グループ企業の経営分析』（中央経済社、2009 年）

共著

『東京電力─原発にゆれる電力』角瀬保雄、谷江武士著（大月書店、1990 年）

『日本のビッグ・インダストリー　電力』谷江武士、青山秀雄著（大月書店、2000 年）

『会計学中辞典』共編著（青木書店、2005 年）

『内部留保の経営分析─過剰蓄積の実態と活用』小栗崇資、谷江武士編
（学習の友社、2010 年）

『経営・会計入門』岸川典昭、谷江武士著（創成社、2013 年）

『内部留保の研究』小栗崇資、谷江武士、山口不二夫編（唯学書房、2015 年）

東京電力─原発事故の経営分析

発行　2017 年 3 月 11 日　初　版　　　　　　　定価はカバーに表示

著者　　谷江　武士

発行所　学習の友社
〒 113-0034　東京都文京区湯島 2-4-4
TEL 03（5842）5641　FAX 03（5842）5645
郵便振替　00100-6-179157

印刷所　モリモト印刷株式会社
デザイン　タクトデザイン事務所